Elektrometrische p_H-Messung mit kleinen Lösungsmengen

Von

Prof. Dr. **Franz Fuhrmann**

Vorstand des Institutes für landwirtschaftliche Technologie und Photochemie der Technischen Hochschule Graz

Mit 60 Abbildungen im Text

Wien

Verlag von Julius Springer

1941

ISBN 978-3-7091-5883-8 ISBN 978-3-7091-5933-0 (eBook)
DOI 10.1007/978-3-7091-5933-0

Vorwort.

Die Erkenntnis von der ausschlaggebenden Bedeutung der Wasserstoffionenkonzentration bei allen chemischen Vorgängen des Lebensprozesses in der Zelle und im Organismus und bei den verschiedenen technischen Verfahren hat zu einem weitgehenden Ausbau der Meßtechnik der p_H-Werte geführt, die im wesentlichen kolorimetrischer oder elektrometrischer Art ist. Die elektrometrische p_H-Messung hat den Vorzug der größeren Genauigkeit und allgemeineren Anwendbarkeit. Besonders im biochemischen und medizinisch-chemischen Laboratorium bildet sie heute ein unentbehrliches Hilfsmittel. Gerade hier muß man aber sehr häufig solche Bestimmungen mit sehr kleinen Mengen von Untersuchungsmaterial ausführen, ohne dadurch die Genauigkeit der Messung zu beeinträchtigen. So haben sich im Laufe der Zeit zahlreiche Mikromeßverfahren herausgebildet, die in den meisten Fällen besonderen Zwecken der Untersuchung angepaßt wurden. Auch in Zukunft werden neue Probleme eine entsprechende Abwandlung bekannter Verfahren erfordern. Dazu ist es aber unerläßlich, die Grundlagen der elektrometrischen p_H-Messung zu kennen.

Das vorliegende kleine Buch soll daher in leicht verständlicher Form einerseits in die Grundlagen der elektrometrischen p_H-Messung den Leser einführen, ohne von ihm physiko-chemische Fachausbildung zu fordern, und anderseits eine Auswahl von bekannten p_H-Meßverfahren mit ihren Einrichtungen unter besonderer Berücksichtigung der apparativen Ausgestaltung für kleine und kleinste Meßflüssigkeitsmengen für den Praktiker behandeln. Daher macht die vorliegende Schrift auch keinen Anspruch auf Vollständigkeit. Das Schrifttum ist in ihr soweit berücksichtigt, daß neben größeren Werken insbesondere jene Veröffentlichungen namentlich angeführt sind, die selbst wieder Fundgruben weiteren Schrifttums bilden. Die Grundeinrichtung für alle elektrometrischen p_H-Meßverfahren sind in zahlreichen gut ersonnenen und apparativ durchgebildeten Potentiometern gegeben, während die Meßelektroden wohl mehr oder weniger universell gestaltet sind, jedoch stets das Wandelbare und einzelnen Sonderuntersuchungszwecken Anpassungsfähige vorstellen. Dafür sollen die gewählten Beispiele gerade Anregungen geben.

Daß auch die Elektroden für die Messung mit größeren Flüssigkeitsmengen behandelt sind, hat seinen Grund in der Notwendigkeit, mit Standardlösungen Mikroelektroden hinsichtlich ihrer Leistungsfähigkeit zu überprüfen. Überdies erleichtert eine gewisse Vertrautheit mit den Makromethoden das Arbeiten mit den Mikromeßgeräten sehr wesentlich und schützt vor entmutigenden anfänglichen Mißerfolgen.

Ich übergebe das Buch der Öffentlichkeit mit dem Wunsche, es möge dem Laboratoriumspraktiker ein Leitfaden und Berater in Fragen der elektrometrischen p_H-Messung sein und Anregungen zum weiteren Ausbau dieses wertvollen Forschungshilfsmittels geben.

Graz, November 1940. FRANZ FUHRMANN.

Inhaltsverzeichnis.

A. Chemie und Physik der H-Ionen.

1. H-Ionenkonzentration.

Da die weitaus meisten Lösungen, deren Reaktion zu bestimmen ist, wässerig sind, fußt die heute in der Biochemie so wichtige Lehre von der „*Wasserstoffionenkonzentration*" auf den Gesetzen der Wasserdissoziation. Selbst im reinsten Leitfähigkeitswasser sind, wenn auch nur in geringer Zahl, Wasserstoffionen $[H^\cdot]$ vorhanden.

Bei der Dissoziation des Wassers entsteht nur *ein* positiv geladenes H-Ion, während das zweite H-Ion mit dem Sauerstoffatom das „Hydroxylradikal" aufbaut, das eine negative Ladung besitzt. Der Vorgang verläuft also nach dem Schema

$$H \cdot OH \rightarrow H^\cdot + OH'.$$

Dabei ist der Verlauf des Vorganges im Sinne der Ionisierung nur wenig ausgesprochen und vielmehr in der Richtung der Entionisierung gerichtet, also ausdrückbar durch:

$$H \cdot OH \rightleftarrows H^\cdot + OH'.$$

Der Zerfall des Wassers in seine Ionen, die *Dissoziation*, ist nur sehr gering, weshalb die Wasserkonzentration als *konstant* angenommen werden darf und daher auch das Produkt der Wasserstoffionen- und der Hydroxylionenkonzentration im H_2O konstant zu gelten hat, also: $[H^\cdot] \cdot [OH'] = k_w$. Der Wert k_w bei 22° C wurde gut angenähert mit 10^{-14} bestimmt.

Die Dissoziationskonstante des reinen Wassers ändert sich etwas mit der *Temperatur* und auch der Beigabe von Lösungsmitteln, wie beispielsweise Alkohol.

Allen Messungen pflegt man heute den von Sörensen *bestimmten Wert* $k_w = 0{,}73 \cdot 10^{-14}$ $(= 10^{-14 \cdot 14})$ *bei* 18° *zugrunde zu legen.*

Tab. 1 enthält die meist gebrauchten k_w-Werte und deren negative Logarithmen $(p_{k\,w})$ für die Temperaturen von 15 bis 37°.

Da die $[H^\cdot]$- und $[OH']$-Mengen in Grammäquivalenten und Normalitäten ausgedrückt werden, so macht auch das Produkt aus den Grammäquivalenten der H-Ionen und der OH-Ionen im Liter Wasser 10^{-14} aus. Weil weiterhin *ein* H-Ion nur *einem* OH-Ion entspricht, muß die Anzahl der H-Ionen jener der OH-Ionen stets im Wasser gleich sein und mithin müssen auch ihre Grammäquivalente ebenfalls gleich groß sein. In reinem Wasser ist also das Verhältnis der H- zu den OH-Ionen 1 : 1, welcher

Zustand als „Neutralität" bezeichnet wird. Aus obigem ergibt sich aber auch, daß die Neutralität durch die Wasserstoffionenkonzentration von 10^{-7} bestimmt ist. Um diese H-Ionenkonzentration zu vergrößern oder zu verkleinern, müssen dem Wasser *Säuren* oder *Basen* zugesetzt werden. Die saure Reaktion wird durch einen höheren Gehalt an Wasserstoffionen als 10^{-7} bedingt, während eine Erniedrigung desselben unter 10^{-7} die alkalische Reaktion zur Folge hat. Es läßt sich der Grad dieser Reaktionen jederzeit eindeutig durch die Angabe der zugehörigen H˙-Grammäquivalente definieren.

Tabelle 1.

$t°$	k_w	p_{kw}	$t°$	k_w	p_{kw}
16	$0{,}62 \cdot 10^{-14}$	14,21	22	$1{,}00 \cdot 10^{-14}$	14,00
17	$0{,}68 \cdot 10^{-14}$	14,17	23	$1{,}10 \cdot 10^{-14}$	13,97
18	$0{,}73 \cdot 10^{-14}$	14,14	24	$1{,}20 \cdot 10^{-14}$	13,93
19	$0{,}78 \cdot 10^{-14}$	14,11	25	$1{,}30 \cdot 10^{-14}$	13,90
20	$0{,}85 \cdot 10^{-14}$	14,07	30	$1{,}90 \cdot 10^{-14}$	13,72
21	$0{,}91 \cdot 10^{-14}$	14,04	37	$3{,}20 \cdot 10^{-14}$	13,50

Die Kenntnis der Wasserstoffionenkonzentration gestattet jederzeit, auch die OH-Ionenkonzentration zu berechnen. Die H-Ionenzahl ist die *Wasserstoffzahl* einer Lösung, durch die jeder beliebige Säure- und Alkaligrad eindeutig festgelegt wird. Hinsichtlich der verschiedenen Grade der sauren und alkalischen Reaktionen unterscheiden wir schon lange stark sauer, schwach sauer, schwach alkalisch, stark alkalisch, die den Wasserstoffzahlen $[H^{\cdot}] = 10^0$ bis 10^{-3}, 10^{-4} bis nahe 10^{-7}, etwas über 10^{-7} bis 10^{-11} bis 10^{-14} entsprechen. In der Biochemie bewegen sich die Wasserstoffzahlen meist in engeren Grenzen von 10^{-2} bis etwa 10^{-11}. Durch diese Zahlen erhalten wir die *wirkliche* oder *aktuelle* Azidität oder Alkalität einer Lösung, die nur in besonderen Fällen durch die früher alleinübliche Titration mit Laugen oder Säuren bestimmter Normalität festgestellt werden konnten.

Den Unterschied zwischen starken und schwachen Säuren einerseits und starken und schwachen Basen anderseits bedingen die Ionisationsverhältnisse derselben. Praktisch können die starken Säuren und Basen in wässerigen Lösungen als vollständig dissoziiert angenommen werden. Sofern sie in reiner Lösung vorhanden sind, bestehen zwischen ihren Normalitäten und den zugehörigen Wasserstoffzahlen sehr einfache Beziehungen. So z. B. enthält eine molare Salzsäurelösung in H_2O das Molargewicht (36,5 g) HCl im Liter. Nach praktisch vollkommener Dissoziation von HCl in $H^{\cdot} + Cl'$ haben wir im Liter 1 g H-Ionen und 35,5 g Cl-Ionen. In bezug auf die H-Ionen ist also 1 g Wasserstoffionenäquivalent in dieser n/1 HCl vorhanden, 0,1 g in einer n/10 HCl usf. Es seien hier die übersichtlichen Zusammenstellungen nach MISLOWITZER (*1*) angeführt, die einen sehr guten Überblick über diese Verhältnisse geben:

n/10000 HCl = 0,0001 g-Äquivalent H-Ion; $[H^{\cdot}] = 10^{-4}$,
n/1000 HCl = 0,001 g-Äquivalent H-Ion; $(H^{\cdot}] = 10^{-3}$,
n/100 HCl = 0,01 g-Äquivalent H-Ion; $[H^{\cdot}] = 10^{-2}$,
n/10 HCl = 0,1 g-Äquivalent H-Ion; $[H^{\cdot}] = 10^{-1}$,
n/1 HCl = 1 g-Äquivalent H-Ion; $[H^{\cdot}] = 10^{0}$.

Da auch *starke Basen* in ihren wässerigen Lösungen vollständig dissoziieren, liegen die Beziehungen hinsichtlich der OH-Ionenkonzentrationen ähnlich.

$$NaOH \rightarrow Na^{\cdot} + OH'.$$

Sonach entsprechen folgende Normalitäten von Natronlauge OH-Ionenäquivalenten:

n/1 NaOH = 1 g-Äquivalent OH-Ion; $[OH'] = 10^{0}$,
n/10 NaOH = 0,1 g-Äquivalent OH-Ion; $[OH'] = 10^{-1}$,
n/100 NaOH = 0,01 g-Äquivalent OH-Ion; $[OH'] = 10^{-2}$,
n/1000 NaOH = 0,001 g-Äquivalent OH-Ion; $[OH'] = 10^{-3}$,
n/10000 NaOH = 0,0001 g-Äquivalent OH-Ion; $[OH'] = 10^{-4}$.

Die OH-Ionenkonzentration kann aber ebensogut in Wasserstoffzahlen zum Ausdruck gebracht werden, wobei sich folgende Werte ergeben:

n/1 NaOH = 10^{-14} g H-Ion,
n/10 NaOH = 10^{-13} g H-Ion,
n/100 NaOH = 10^{-12} g H-Ion,
n/1000 NaOH = 10^{-11} g H-Ion,
n/10000 NaOH = 10^{-10} g H-Ion.

Es können aber alle zwischen diesen Zehnerpotenzen liegenden Normalitäten starker und schwacher Säuren durch Wasserstoffzahlen ausgedrückt werden, die also negative Potenzen von 10 vorstellen. Durch Logarithmierung der Potenzen von 10 verschwindet die Zehn, weil der Logarithmus einer Potenz von 10 gleich dem Potenzexponenten ist. Man hat also $\log 10^{-1} = -1 \ldots \log 10^{-14} = -14$. Nach SÖRENSEN bringt man das negative Vorzeichen des Potenzexponenten dadurch zum Verschwinden, daß man von der H-Ionenzahl den negativen Logarithmus nimmt $[-(\log 10^{-1}) = +1]$. SÖRENSEN bezeichnete diesen so erhaltenen negativen Logarithmus der H-Ionenkonzentration „Wasserstoffexponent“ und gab ihm das Symbol p_H, deshalb $p_H = -\log [H^{\cdot}]$, wobei wir aber unter $[H^{\cdot}]$ eigentlich die H-Ionen-*Aktivität* zu verstehen haben.

Es entspricht demnach der $p_H = 7$ der Neutralität einer Lösung. Höhere p_H-Werte sind den alkalischen Reaktionen, unter $p_H = 7$ liegende den sauren Reaktionen zugeordnet. Diese Bezeichnung bietet neben anderen noch den Vorteil der Möglichkeit einer graphischen Darstellung der H-Ionenkonzentrationen in einer *arithmetischen* statt in einer geometrischen Reihe, wie es die Verwendung der Wasserstoffzahlen erfordert.

Es sei noch kurz auf die wichtigsten Rechnungsoperationen mit p_H hingewiesen. Häufig sind auch die zwischen den Zehnerpotenzen liegenden Normalitäten in p_H-Werte auszurechnen oder durch H-Ionenkonzentrationen auszudrücken. Dabei werden alle beliebigen *Wasserstoffionen konzentrationen als ein Produkt* aufscheinen, dessen zweiter Faktor eine negative Potenz von 10 ist.

n/400 HCl entspricht 0,025 n, also $= 2{,}5 \cdot 10^{-3}$ normal, was nach dem früher Ausgeführten durch die Wasserstoffzahl $[H^{\cdot}] = 2{,}5 \cdot 10^{-3}$ zum Ausdruck kommt. Um zu dem p_H-Wert zu gelangen, muß man von $2{,}5 \cdot 10^{-3}$ den negativen Logarithmus $-\log (2{,}5 \cdot 10^{-3})$ rechnen:

$$-\log (2{,}5 \cdot 10^{-3}) = -\log 2{,}5 + 3$$
$$-\log 2{,}5 = -0{,}398$$
$$3 - 0{,}398 = 2{,}602 = -\log (2{,}5 \cdot 10^{-3})$$
$$p_H = 2{,}60.$$

Diese Rechnung wird demnach durchgeführt nach der allgemeinen Formel:

$$[H^{\cdot}] = a \cdot 10^{-b}, \text{ daher } p_H = -\log a + b.$$

Soll aus dem p_H-Wert die Wasserstoffionenkonzentration und die Normalität berechnet werden, ist der Rechnungsvorgang gerade umgekehrt.

Es soll $p_H = 2{,}60$ sein; der positive Logarithmus ist $-2{,}60$, was gleichkommt $+0{,}40 - 3{,}00$. Zu diesen beiden Logarithmen gehören die Numeri 2,5 und 10^3. $[H^{\cdot}] = \frac{2{,}5}{10^3} = 2{,}5 \cdot 10^{-3}$.

Neben dem Symbol p_H für den negativen Potenzexponenten der Wasserstoffionenkonzentration, bzw. der H-Ionenaktivität schlug im Jahre 1925 Giribaldo (*2*) p_R für den $\log \frac{[H^{\cdot}]}{[OH']}$ vor. Dadurch wird die neutrale Reaktion durch $p_R = \log \frac{1{,}10^{-7}}{1{,}10^{-7}} = \log 1 = 0$ charakterisiert. Im sauren Ast erhält p_R stets positive Werte, während im alkalischen dieselben negativ sind. Dadurch scheint ebensowenig ein Vorteil geboten, wie durch die von Derrien und Fontis (*3*) versuchte Einführung der „Sörenseneinheit", auf die hier nicht näher eingegangen werden soll.

Bei den *schwachen* und *mittelstarken Säuren* liegen die Verhältnisse hinsichtlich der Dissoziation verwickelter, denn nur ein Teil der Moleküle wird in Ionen gespalten. Zu ihnen gehören wenige anorganische Säuren, wie z. B. Borsäure, Schwefelwasserstoffsäure und fast alle organischen Säuren, wie Essigsäure, Milchsäure, Traubensäure, Harnsäure usw. Die Dissoziation der Säuren folgt dem Massenwirkungsgesetz von Guldberg und Waage, das besagt, daß die Geschwindigkeit einer ablaufenden Reaktion der Konzentration der sich umsetzenden Moleküle proportional ist. Im allgemeinen verläuft die Dissoziation, z. B. bei der Essigsäure, nach der Reaktion:

$$CH_3COOH \rightleftharpoons H^{\cdot} + CH_3COO'.$$

Nach dem Massenwirkungsgesetz gilt die Beziehung:

$$\frac{[H^{\cdot}] \cdot [CH_3COO']}{[CH_3COOH]} = K.$$

K bedeutet die *Dissoziationskonstante* der Essigsäure mit ihrem für diese Säure bestimmten Wert. Wie sehen also, daß das Verhältnis der abgespaltenen Ionen zur undissoziierten Säure einen konstanten Wert besitzt und für die betreffende Säure eine bezeichnende Größe ist. Der negative Logarithmus der Dissoziationskonstanten p_K wird auch „*Säureexponent*“ genannt. Durch die Temperatur findet keine erhebliche Änderung der Dissoziationskonstanten der Säuren statt, weshalb auch ihre p_H-Werte praktisch als genügend temperaturbeständig anzunehmen sind.

Aus der Kenntnis der Dissoziationskonstanten, bzw. des Säureexponenten p_K und der Konzentration C läßt sich der p_H-Wert einer bestimmt molaren Lösung derselben leicht errechnen:

$$p_H = \frac{1}{2} p_K - \frac{1}{2} \log C.$$

Demnach ist der p_H-Wert einer n/100 Milchsäure **2,93**.

$$p_H = \frac{1}{2} \cdot 3{,}85 - \frac{1}{2} \log 0{,}01,$$

$$= 1{,}925 - \left(\frac{1}{2} - 2\right) = 2{,}925.$$

Der Verlauf der Dissoziation zwei- oder mehrbasischer Säuren ist insofern anders, als diese Säuren *nicht* in H-Ionen und Säurerest gespalten, sondern *stufenweise* abdissoziiert werden. Jeder dieser Stufen kommt eine besondere Dissoziationskonstante zu.

So dissoziiert die *Kohlensäure* nach folgendem Schema:

$H_2CO_3 \rightleftharpoons H^{\cdot} + HCO_3'$ (1. Stufe, $K = 7{,}10^{-4}$), (*4*)
$HCO_3' \rightleftharpoons H^{\cdot} + CO_3$ (2. Stufe, $K = 6{,}10^{-11}$).

Bei der in Wasser gelösten Kohlensäure liegt der Fall deshalb verwickelter, weil ein großer Teil derselben in CO_2 und H_2O zerfällt und damit als H-Ionenlieferant ausscheidet. Daher erhalten wir bei gewöhnlichen Messungen eine scheinbar zu niedrige Konstante der ersten Stufe ($4{,}4 \cdot 10^{-7}$), was also eine viel schwächere Säure vortäuscht als tatsächlich vorliegt.

Die Stufendissoziation der für die Biochemie wichtigsten dreibasischen *Phosphorsäure* läßt sich durch folgendes Schema aufzeigen:

1. $H_3PO_4 \rightleftharpoons H^{\cdot} + H_2PO_4'$ ($K_1 =$ ca. $1{,}10^{-2}$, 25°), (*5*)
2. $H_2PO_4 \rightleftharpoons H^{\cdot} + HPO_4''$ ($K_2 =$ ca. $1{,}9 \cdot 10^{-7}$, 25°), (*6*)
3. $HPO_4' \rightleftharpoons H^{\cdot} + PO_4'''$ ($K_3 =$ ca. $3{,}6 \cdot 10^{-13}$, 25°). (*6*)

In jeder folgenden Stufe übernimmt also das Anion der Vorstufe die Funktion einer allerdings immer schwächer werdenden Säure.

Ähnlich, wie bei den Säuren, läßt sich auch in den reinen Lösungen *schwacher Basen* bekannter Normalität mit Hilfe des Säureexponenten p_K der p_{OH} und weiter der p_H-Wert errechnen.

$$p_{OH} = {}^1/_2\, p_K - {}^1/_2 \log C,$$
$$p_H = 14 \cdot 14 - p_{OH}\ (18°).$$

Je schwächer eine Säure ist, mit anderen Worten, je weniger H-Ionen sie abzudissoziieren vermag, um so mehr muß die Dissoziationskonstante des Wassers (K_w) für die jeweilige Temperatur berücksichtigt werden, um grobe Fehler zu vermeiden.

2. Regulatoren und Puffergemische.

Wenn nicht mehr reine Lösungen *starker Säuren* untersucht werden, sondern in denselben auch *Salze dieser Säuren* gelöst sind, wird allerdings die *Aktivität* ein wenig zurückgedrängt. Wir messen aber gerade die aktiven Ionen, deren Zahl sich mit jener der überhaupt vorhandenen H-Ionen durchaus nicht deckt. Nach der Anschauung von BJERRUM und LEWIS ist die Dissoziation der starken Elektrolyte bei jeder Konzentration vollständig und die tatsächlich zu beobachtende unvollständige Dissoziation vorgetäuscht, verursacht durch die gegenseitige Wirkung der Ionen und durch jene auf das Lösungsmittel. Von der Gesamtwasserstoffionenkonzentration gelangt man zur wahren Aktivität erst durch Multiplikation ersterer mit dem „Aktivitätsfaktor" f (a). Dieser Aktivitätskoeffizient ist nach NOYES und MCINNES bei n/0,1 HCl = 0,823, n/0,01 = 0,932 und n/0,5 = 0,773. Demnach hat eine n/0,1 HCl zwar eine dem $p_H = 1$ entsprechende H-Ionenkonzentration von $1 \cdot 10^{-1}$, aber an „aktiven" H-Ionen nur eine Konzentration von $0{,}823 \cdot 10^{-1}$, die gemessen $p_H = 1{,}08$ ergibt. Diese Herabdrückung der Aktivität macht sich aber nur bei sehr hohen Salzkonzentrationen störend bemerkbar, so daß man bei den praktischen p_H-Messungen fast stets die Konzentrationen den Aktivitäten gleichsetzen kann.

Wesentlich anders verhalten sich die *schwachen Säuren,* wenn ihren Lösungen ihre *Alkalisalze* zugesetzt werden. Dadurch kann ihr ursprünglicher p_H-Wert gegenüber dem nunmehr festgestellten um mehrere Einheiten verschoben sein. Es lassen sich aber trotzdem bei bekannten Salz- und Säureäquivalenten die H-Ionenkonzentrationen rechnerisch feststellen. Wir wissen, daß sowohl die Salze der starken als auch jene der schwachen Säuren, in Wasser gelöst, weitgehend dissoziieren, so daß man ohne großen Fehler den undissoziierten Salzanteil gleich Null setzen darf. In einem Gemisch einer schwachen Säure mit ihrem Alkalisalz muß der Säureanionenanteil von der Dissoziation des Salzes kommen, während der undissoziierte Anteil der Konzentration der Säure selbst gleichzusetzen ist. Darnach wäre in Anknüpfung an die Ausgangsformel für die reine Säurelösung

$$[H^\cdot] = k \cdot \frac{(\text{Säure})}{(\text{Salz})},$$

in welchem Ausdruck die Aktivität des Salzes aber fehlt. Die Salzkonzentration muß noch mit dem zugehörigen *Aktivitätsfaktor* f (a), der hier mit α bezeichnet wird, multipliziert werden. Nur bei unendlicher Verdünnung wird α gleich 1, während es sonst stets kleiner als 1 ist. Weil sich Leitfähigkeits- und Aktivitätsfaktor nicht decken, kann er aus Leitfähigkeitsmessungen nur annähernd bestimmt werden. Man bezeichnet damit das *Verhältnis der molaren Leitfähigkeit* der vorliegenden Salzkonzentration zu jener bei unendlicher Verdünnung.

Unter Berücksichtigung der Salzaktivität nimmt der oben stehende Ausdruck folgende Form an:

$$[H^\cdot] = k \cdot \frac{(\text{Säure})}{\alpha \cdot (\text{Salz})}.$$

Aus der Gleichung ist sofort ersichtlich, daß man durch entsprechende Variation von Salz und zugehöriger Säure die H-Ionenkonzentration weitgehend beeinflussen und durch die Wahl passend starker Säuren jede beliebige $[H^\cdot]$ herstellen kann. Für schwache *Basen* gelten die gleichen Verhältnisse. Allgemein wird man für eine Säureart die Grenzen für die praktisch erreichbaren $[H^\cdot]$ innerhalb von drei Einheiten des p_H liegend finden. MICHAELIS bezeichnete diese für die Praxis wertvollen Gemische als „*Regulatoren*". Ein Beispiel für ein derartiges Regulatorgemisch ist *Essigsäure* mit *Natriumazetat.* Verwendet man gleich Teile von n/0,1 CH_3COONa und n/0,1 CH_3COOH, erhält man $p_H = 4{,}627$ (bei 25°). Da sich dieses Gemisch aus n NaOH 50, n $C_2H_4O_2$ 100 und H_2O 350 leicht herstellen läßt und einen scharf definierten p_H aufweist, wird es meist als „*Standardazetat*" zum Einstellen von Elektroden benutzt.

Die *Regulatorgemische* haben noch die wertvolle Eigenschaft, von der *Verdünnung weitgehend unabhängig* zu sein, denn der p_H eines n/0,1 Azetatgemisches unterscheidet sich von jenem eines n/0,01 Gemisches nur sehr wenig (etwa um 0,1 gegenüber 2,0 bei HCl gleicher Normalität). Noch besser illustriert diese Unabhängigkeit Tab. 2 in Anlehnung an MISLOWITZER: (*1*)

Tabelle 2.

n/0,1 — n/0,001	p_H-Änderung bei Verdünnung 1 : 100	Änderung in p_H-Einheiten
HCl	von ca. 1,00 bis 3,00	2,0
$C_2H_4O_2$	„ 2,86 „ 3,86	1,0
Azetat-Regulator	„ 4,63 „ 4,73	0,1

Sobald wir einem Essigsäure-Azetat-Gemisch eine starke Säure zusetzen, verschieben sich die Verhältnisse sehr bedeutend. Die Kationen des vollständig dissoziierten Natriumazetates werden sich mit den H-Ionen der ebenfalls vollkommen ionisierten starken Säure zu Essigsäure verbinden und nur so viele freie H-Ionen meßbar zurückbleiben, als der Dissoziationskonstante der Essigsäure entsprechen, wobei vorausgesetzt ist, daß mindestens eine der starken Säure äquivalente Menge von Azetat im Gemisch vorhanden ist. Es wird also die Wirkung der starken Säure oder ihr Ionenstoß abgebremst. Der Verlauf stellt sich im Schema etwa folgendermaßen dar.

Von der fast nicht dissoziierten Essigsäure kann man vorläufig absehen und nur das Verhalten des Azetates zur Salzsäure betrachten.

$$CH_2COONa + HCl \rightleftharpoons CH_3COOH + NaCl.$$

Bei dieser Ionenreaktion sind aus dem vorhandenen Natriumazetat durch die starke Salzsäure Essigsäure und Chlornatrium entstanden. Es befindet sich also im Gemisch HCl + CH_3COONa nur mehr freie Essigsäure mit ihrer der Dissoziationskonstante entsprechenden H-Ionenkonzentration. Letztere addiert sich zu der im Azetat-Essigsäure-Gemisch vorhandenen H-Ionenzahl hinzu. Daher entspricht der so entstehende p_H-Wert nur jenem der schwachen Säure, der sich aber infolge der uns schon bekannten geringen Dissoziation schwacher Säuren nur wenig ändert. Lösungen mit den oben aufgezeigten *Eigenschaften* bezeichnen wir als „Puffer" oder „Pufferlösungen". Sie vereinigen sozusagen in sich die Eigenschaften der *Regulatoren* und die Fähigkeit, trotz Zuführung von beträchtlichen Mengen Hydroxyl- oder Wasserstoffionen den ihnen zukommenden p_H-Wert innerhalb weiter Grenzen zu behalten. Solche Puffer bilden Lösungen *schwacher* Säuren mit Salzen derselben mit *starken* Basen oder umgekehrt schwacher Basen mit Salzen von starken Säuren, wie z. B. Natriumazetat + Essigsäure oder Ammoniak + Ammonchlorid. Die Pufferung tritt aber nur dann verläßlich ein, wenn ein Überschuß an Salz vorliegt; jedenfalls sollen $^1/_2$ bis höchstens $^2/_3$ des Puffersalzes durch zugesetzte Säuren gebunden werden. Außerdem soll mit einem Puffergemisch nur höchstens ein p_H-Bereich von zwei Einheiten überdeckt werden. Verdünnungen von Puffergemischen setzen im allgemeinen ihre Pufferungskapazität (7) herunter. Unter ihr versteht man jene Höchstmenge von Säure, die ein Puffer ohne besondere Änderung seines p_H aufnehmen kann. Umgekehrt können durch Puffergemische auch OH-Ionen abgebremst werden, wie es der Fall mit der Zugabe von Lauge zum Azetatgemisch dartut:

$$CH_3COOH + NaOH \rightleftarrows CH_3COONa + H_2O.$$

Die OH-Ionen vereinigen sich mit den dissoziierenden H-Ionen der Essigsäure zu Wasser, wobei Natriumazetat gebildet wird.

Die Berechnung der p_H-Werte von Pufferlösungen geschieht bei bekannter Konzentration der schwachen Säure und des Salzes nach der Formel:

$$\text{für Säuren: } p_H = p_K - \log C_1 + \log C_2,$$
$$\text{für Basen: } p_{OH} = p_K - \log C_1 + \log C_2.$$

p_K ist der Säureexponent der schwachen Säure, bzw. Base, C_1 die Konzentration der freien Säure, bzw. Base, und C_2 die Konzentration des Puffersalzes.

3. Elektrometrische Titration.

Nach dem bisher Gesagten ändert sich in dem Puffergemisch Natriumazetat + Essigsäure beim Zusatz von HCl der p_H-Wert allmählich bis zu jenem Punkt, bei dem die zugesetzte starke Säure gerade das gesamte Na-Azetat in Essigsäure und neutrales Salz (NaCl) übergeführt hat. In diesem Augenblick findet eine plötzliche, starke Veränderung des p_H-Wertes statt, denn die H-Ionenkonzentration steigt stark an, um bei weiterem Säurezusatz wieder nur langsam größer zu werden. Wir sprechen von einen *H-Ionenzahlsprung* oder dem *Äquivalenzpunkt*. Hat es sich z. B. um ein Standardazetat gehandelt, stellt sich dieser Sprung zwischen $p_H = 2{,}7$ und 2,02 ein. Er stellt einen Indikator für das Verschwinden des Na-Azetates vor. Kennt man die Normalität der HCl und die Menge des Verbrauches derselben bis zum H-Ionenzahlsprung, so kann die Menge des vorhanden gewesenen Na-Azetates berechnet werden. Diese Art von Titration unter Zuhilfenahme des auf elektrometrischem Wege ermittelten p_H bezeichnet man als „*elektrometrische Titration*“ im allgemeinen oder „elektrometrische Azidimetrie und Alkalimetrie“, da man Säuren mit Laugen ebenso elektrometrisch titrieren kann.

Wir haben schon festgestellt, daß durch die Dissoziationskonstante einer Säure deren *Stärke* definiert, bzw. deren Wasserstoffionenkonzentration unter Berücksichtigung der Verdünnung bedingt wird. Wenn wir nun je 100 ccm einer n/0,1 HCl, einer n/0,1 Milchsäure und einer n/0,1 Essigsäure unter Verwendung eines passenden Indikators mit n/0,1 NaOH titrieren, werden wir in jedem Falle 100 ccm der Lauge verbrauchen. Ihre *Titrationsazidität* ist also völlig gleich. Man bezeichnet sie auch als „potentielle Azidität“. Messen wir nun die p_H-Werte der drei n/0,1 Säuren, so finden wir große Verschiedenheiten, denn die HCl hat $p_H = 1{,}0$, die Milchsäure $p_H = 2{,}43$ und die Essigsäure $p_H = 2{,}87$. Die *Titration* vermag demnach nur die Gesamtkonzentration einer Säure zu ermitteln, während die Messung der Wasserstoffionenkonzentration zur Bestimmung der *aktuellen Azidität*, ausgedrückt in p_H-Werten, führt.

Auch wenn mehrere Säuren nebeneinander in einer Lösung vorliegen und deren nicht zu viele sind, kann durch die elektrometrische Titration jede derselben einzeln erfaßt werden, sofern sich die Dissoziationskonstanten derselben genügend unterscheiden. Im allgemeinen zeigen die *starken* Säuren, bzw. Basen sehr gut kenntliche Potentialsprünge, innerhalb der die Äquivalenzpunkte liegen, die in diesem Falle etwa $p_H = 7$ entsprechen. Bei den *schwachen* Säuren fällt der Äquivalenzpunkt mit dem p_H-Wert zusammen, den die Lösungen des bei der Titration entstehenden Salzes haben. Auch flacht sich der Sprung etwas mehr ab.

Tabelle 3.

Summe der zugefügten NaOH in mol	Zugesetzte NaOH in mol	Überschüssige HCl in mol	p_H der Lösung
0,00	0,00	1,00	ca. 0,10
0,25	0,25	0,75	0,25
0,50	0,25	0,50	0,40
0,75	0,25	0,25	0,70
0,90	0,15	0,10	1,17
0,95	0,05	0,05	1,35
0,99	0,04	0,01	2,02
0,999	0,009	0,001	3,00
1,000	0,001	0,000 Äquivalenz	{ 4,00; 5,00; 6,00; 7,00
1,0001	0,0001	0,0001 Überschuß NaOH	8,00; 9,00; 10,00
1,0011	0,001	0,0011 Überschuß NaOH	11,00
1,0111	0,01	0,0111 Überschuß NaOH	12,00

Bei sehr schwachen Säuren, wie Borsäure, können die Sprünge derart flach werden, daß eine sichere Erkennung derselben sehr schwierig werden kann.

Die im Zuge einer elektrometrischen Titration gemessenen p_H-Werte drücken derselben ihr eigenes Gepräge auf und hängen in erster Linie von der Stärke der titrierten Säure und dem entstehenden Salz in seiner Pufferwirkung ab. In Anlehnung an MISLOWITZER wählen wir zur Vereinfachung der Betrachtung als schwache Säure CH_3COOH und als starke HCl in molaren Lösungen, während als Titrierflüssigkeit eine stark konzentrierte NaOH, sagen wir fünffach normal, dient, um auf die durch die Zugabe der Lauge eintretende Verdünnung keine Rücksicht nehmen zu müssen. Tab. 3 gibt den Verlauf der Titration der HCl gut wieder.

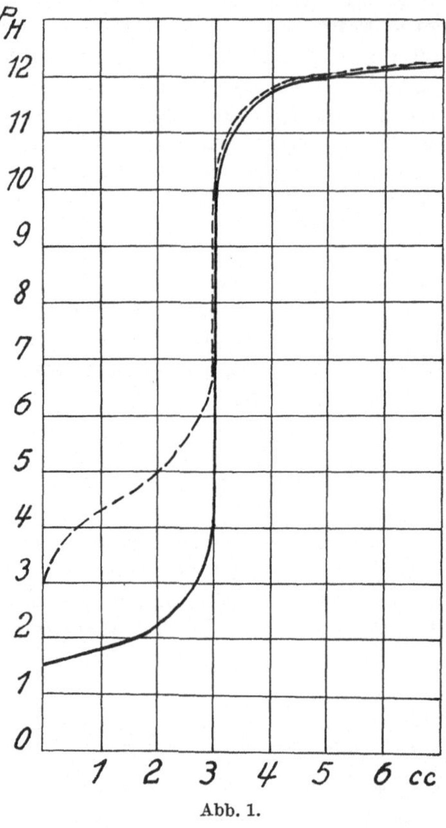

Abb. 1.

Nach der Absättigung von 0,9999 Mol HCl, entsprechend 99,9% der vorhanden gewesenen HCl-Menge, ist der $p_H = 4$ in einem nicht sehr steilen und allmählichen Anstieg erreicht. Nur 0,1 m Mol. fehlen noch bis zum Äquivalenzpunkt. Der nächste Tropfen von etwa 0,2 m Mol. NaOH jagt den p_H-Wert von 4 auf 10 hinauf, die ganze Breite des Gebietes der schwachen Säuren und Basen durcheilend. Der Fehler beträgt nur 0,01%, da statt genau eines Moles 1,0001 Mol abgelesen wurde.

Besonders deutlich kommen diese Verhältnisse durch ein Diagramm zur Anschauung, dessen Ordinate die p_H-Werte, zugeordnet die Laugenmengen auf der Abszisse trägt, wie es nach MICHAELIS (*8*) Abb. 1 schematisiert wiedergibt. Es wurden 3 ccm n/0,1 HCl (voll ausgezogen) und 3 ccm n/0,1 Essigsäure (gestrichelt) mit n/0,1 NaOH titriert.

Der gleiche Versuch mit einer schwachen Säure, z. B. Essigsäure, angestellt, ergibt wesentlich andere Beziehungen zwischen den auftretenden p_H-Werten und den zugefügten Laugenmengen, da aus der Essigsäure mit der zugefügten NaOH der *Azetatpuffer* gebildet wird. Der erste Anstieg der p_H nach dem Laugenzusatz ist zwar etwas steiler, doch wird allmählich steigend $p_H = 7$ überschritten und erst nach Absättigung von 99,9% Säure $p_H = 7,6$ erreicht. Erst der Zusatz der noch fehlenden

Lauge führt zu einem Ionensprung bis $p_H = 9{,}5$, was etwa zwei Einheiten gegenüber 6 bis 7 Einheiten bei HCl-Titration entspricht. In Abb. 1 ist gestrichelt der Verlauf eingetragen. Man sieht, daß im alkalischen Ast der Verlauf beider Kurven zusammenfällt, da nach Verschwinden der Essigsäure die Verhältnisse ebenso liegen wie bei der HCl nach deren Absättigung. Die Titration der schwachen Basen durch starke Säuren, wie Ammoniak und Salzsäure, entspricht in Umkehrung der Titration von schwachen Säuren mit starken Basen, der p_H-Sprung tritt also im sauren Ast über ca. zwei Einheiten ein. Wird eine starke Lauge titriert, findet man eine Umkehr der Titrationserscheinungen von starken Säuren, den Sprung im alkalischen Ast über 6 bis 7 Einheiten.

Bei der Titration eines Gemisches von einer schwachen und einer starken Säure oder eines jeden anderen Puffergemisches zeigt die Sprünge besonders scharf die „Differentialtitrierungskurve", wie sie für ein Essigsäure-Salzsäure-Gemisch KORDATZKI (*9*) bringt. Abb. 2 gibt die Kurve etwas schematisiert wieder. Auf der Ordinate sind die den zugesetzten Laugenmengen (n/0,1 NaOH) zugeordneten *Differenzen* der sich einstellenden p_H-Werte aufgetragen, während auf der Abszisse die Kubikzentimeter zugesetzter Lauge verzeichnet sind. Es handelt sich um ein Gemisch von je 10 ccm n/0,1 HCl und n/0,1 CH_3COOH. Bei 10 ccm Laugenzusatz ist die gesamte HCl verschwunden und in NaCl umgesetzt. Hier befindet sich die erste flachere und weniger hohe Zacke in der Kurve. Beim Zusatz von 20 ccm Lauge ist auch die gesamte Essigsäure in Na-Azetat übergeführt, also der zweite Äquivalenzpunkt erreicht, ausgezeichnet durch einen besonders steilen Anstieg der p_H-Differenzen, der bei Überschreitung des Äquivalenzpunktes durch weitere Zugaben von Lauge ein ebenso steiler Abfall folgt.

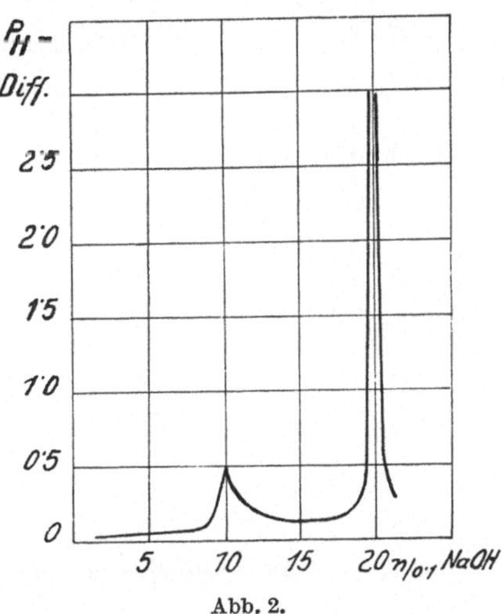

Abb. 2.

4. Ampholyte.

Wir kennen chemische Verbindungen, die sowohl OH- als auch H-Ionen abzudissoziieren vermögen. Wegen dieses Doppelverhaltens bezeichnet man sie als „*Ampholyte*" oder *amphotere Elektrolyte*. Ihre Wirkungsweise entspricht somit gleichzeitig einer schwachen Säure und Base. Zu dieser Körperklasse gehören vornehmlich die Eiweißstoffe mit ihren komplexen und einfacheren Abbauprodukten. Es soll der Ampholytcharakter an *Glykokoll*, der α-Aminoessigsäure, in wässeriger Lösung kurz erläutert werden:

$$\begin{array}{l} CH_2\text{—}NH_2 \ldots (HOH) \\ | \\ COOH \end{array}$$

Es hat als Monoaminomonokarbonsäure eine *Amid*- und eine *Karboxylgruppe*, die H- bzw. OH-Ionen, wenn auch nur in beschränkter Zahl, abzudissoziieren vermögen. Die basische Aminogruppe und die saure Karboxylgruppe haben ihre eigene Dissoziationskonstante. Der vorherrschende Reaktionscharakter hängt von der Wasserstoffionenkonzentration des Milieus insofern ab, als derselbe bei saurer Beschaffenheit des letzteren basisch und bei alkalischer sauer ist. Der basische und

Tabelle 4.

Körper		p_{K_b}	p_{K_s}	p_H des isoelektrischen Punktes
Glykokoll, α-Aminoessigsäure	CH_2-NH_2 / | / COOH	11,6	9,7	6,1
Alanin, α-Aminopropionsäure	CH_3 / | / $CH \cdot NH_2$ / | / COOH	11,3	9,7	6,3
Leuzin, α-Aminoisobutylessigsäure	CH_3 CH_3 / \\ / / CH / | / CH_2 / | / $CH \cdot NH_2$ / | / COOH	11,7	9,7	6,0
Phenylalanin, Phenyl-α-Aminopropionsäure	C—CH_2—$CH(NH_2)$—COOH / // \\ / HC CH / | | / HC CH / \\\\ / / CH	11,9	8,5	5,4
Tyrosin, *p*-Oxyphenyl-α-aminopropionsäure	C—CH_2—$CH(NH_2)$—COOH / // \\ / HC CH / | || / HC CH / \\\\ / / C—OH	11,6	9,4	6,0
Asparaginsäure, *d*-Aminobernsteinsäure	$CH(NH_2)$—COOH / | / CH_2—COOH	11,9	3,8	3,0

saure Anteil des Ampholyten hat seine eigene Dissoziationskonstante. Durch entsprechende Änderung des p_H im Lösungsmittel kann jener Zustand des Ampholyten erreicht werden, bei dem sich seine H- und OH-Ionen gerade die Waage halten. Dieser Moment ist der „*isoelektrische Punkt*".

Derselbe ist für die Ampholyten aus vielerlei Gründen wichtig, bezeichnend und wesentlich. Er läßt sich aus den Dissoziationskonstanten seiner sauren (a) und basischen (b) Anteile nach der Formel

$$1 = \sqrt{\frac{K_a}{K_b} \cdot K_w}$$

berechnen. Das Glykokoll ist ein biochemisch viel benutzter Puffer.

Eine kurze Zusammenstellung (Tab. 4) möge die negativen Logarithmen der Dissoziationskonstante der basischen und sauren Anteile (p_{K_b} und p_{K_a}) und der H·-Ionenkonzentration einiger bekannterer Ampholyte aufzeigen.

5. Elektrolytischer Lösungsdruck und osmotischer Druck.

Die elektrometrische Messung der H-Ionenkonzentration wird man überall dort anwenden, wo eine größere Genauigkeit erforderlich ist und wo Lösungen vorliegen, deren Farbe oder Trübung die kolorimetrische Bestimmung von vornherein ausschließen. Durch Farbenvergleichung, also auf kolorimetrischem Wege, kann man im allgemeinen bei einiger Übung und Erfahrung und einwandfreien Vergleichslösungen die erste Dezimale des p_H-Wertes sicher feststellen. Die fast immer anwendbare elektrometrische p_H-Bestimmung gestattet unter Verwendung von Durchschnittsapparaturen die zweite Dezimale mit Sicherheit anzugeben. Bei ihr bilden *Elektrodenpotentiale* die Grundlage der Messung, deren Genauigkeit von der Güte und Empfindlichkeit der verwendeten Meßinstrumente abhängt. Außerdem darf man nie vergessen, daß zahlreiche Fehlerquellen vorhanden sind, die sich in ihren Fehlern keineswegs kompensieren. Sie nach Tunlichkeit zu eliminieren, kompliziert die Methoden an sich derart, daß sie für die praktischen Zwecke unbrauchbar werden. Für alle Zwecke der angewandten Laboratoriumstechnik kommt man mit der Feststellung der Ziffer in der zweiten Dezimale aus, wenn man berücksichtigt, daß einer Änderung um eine Stelle der zweiten Dezimale des p_H einer solchen von 2,3% der Wasserstoffionenkonzentration entspricht. Wie später gezeigt werden wird, drückt sich bei der Messung eine Differenz von 0,01 p_H durch eine Potentialverschiebung von 0,58 mV aus, was mit empfindlichen Meßinstrumenten noch mit Sicherheit feststellbar ist.

Wie schon der Name sagt, legt die *elektrometrische Wasserstoffionenkonzentrationsbestimmung* ihren Werten elektrische Größen zugrunde. Zum vollen Verständnis der Messungen selbst und ihrer rechnerischen Auswertung erscheint es zweckmäßig, sich ein wenig in die Zusammenhänge zu vertiefen, die es gestatten, aus meßbaren Potentialen auf Ionenmengen zu schließen. Vor allem sei daran erinnert, daß die für Gase ermittelten Gesetze im wesentlichen auch für verdünnte Lösungen gelten und daher auch die für erstere erhaltenen numerischen Werte von Konstanten jenen der letzteren gleich sind. So wird es möglich, maximale Arbeiten mit elektrischen Größen zu vergleichen und zu messen, bzw. solche in beliebigen Energiemaßen zu definieren. Den Ausgang bildet die NERNSTsche Gleichung

$$E = \frac{RT}{n \cdot F} \cdot \ln \frac{P}{p},$$

in welcher die rechte Seite die maximale Arbeit angibt, die ein ideales Gas bei reversiblen Vorgängen zu leisten vermag. Die allgemeinen Gasgesetze bieten die Möglichkeit, Werte für RT und p zu erhalten. Das BOYLE-MARIOTTEsche Gesetz besagt, daß unter isothermen Bedingungen das Produkt aus Volumen und Druck eines Gases stets konstant ist:

$$p \cdot v = k.$$

Die graphische Auswertung dieses Ausdruckes führt zu einer gleichseitigen Hyperbel, deren Asymptoten ihre Koordinatenachsen bilden. Die *gleiche* Form zeigt die *Dissoziationskurve* des Wassers.

Über die Abhängigkeit des *Druckes* eines Gases bei gleichem Volumen und des Volumens bei konstantem Druck von der Temperatur belehrt uns das GAY-LUSSACsche Gesetz, ausgedrückt in:

$$P_t = p_0 \left(1 + \frac{t}{273}\right);$$

wenn bei konstantem Volumen v_0 bei $t_0°$ ein Druck von p_0 besteht, so herrscht bei $t°$ ein Druck von P_t.

Bleibt der Druck p_0 gleich und wird mit der Temperatur nur das Volumen v_0 in V_t verändert, so ist

$$V_t = v_0 \left(1 + \frac{t}{273}\right).$$

Geschieht die Temperaturänderung *ohne* Konstanthaltung von Volumen oder Druck, so ergibt sich schließlich der Ausdruck

$$p \cdot v = p_0 \cdot v_0 \left(1 + \frac{t}{273}\right),$$

wobei 0° stillschweigend unserem Thermometereispunkt entspricht. In bezug auf die absolute Temperatur müssen wir also den ermittelten mit t bezeichneten Graden stets 273 hinzufügen, um die auf den absoluten Nullpunkt bezogenen Temperaturen zu bekommen. Man bezeichnet sie mit T ($T = t + 273$). Demnach umgeformt lautet die obige Gleichung:

$$p \cdot v = \frac{p_0 \cdot v_0}{273} \cdot T.$$

In diesem Ausdruck bedeutet $\frac{p_0 \cdot v_0}{273}$ eine Größe, die allerdings von der Natur des Gases abhängt, aber für ein bestimmtes Gas konstant ist und die Bezeichnung r hat. Diese Konstante r wird dann zur *Universalgaskonstante* R, wenn man die Gleichung $p_v = \frac{p_0 \cdot v_0}{273} \cdot T$ auf *ein* Mol Gas bezieht, da nach dem Gesetz von AVOGADRO das Volumen von *einem Mol* jeden beliebigen Gases bei demselben Druck und der gleichen Temperatur gleich ist. Es vereinfacht sich der Ausdruck für das Mol eines Gases zu: $p \cdot v = R \cdot T$.

Der numerische Wert der Gaskonstante *R ist* 8,31 *Joule* (= Volt × × Coulomb) oder 1,983 cal.

Wie die Ausdehnung von Gasen eine Arbeit leistet, die als Maximalarbeit zu erfassen ist, so finden wir in den verdünnten Lösungen von Elektrolyten eine maximale osmotische Arbeit, die den gleichen Gesetzen folgt. Flüssigkeiten haben die Eigenschaft, zu verdampfen, und wir sprechen von einer Dampftension der Flüssigkeit. Feste Körper, auch Metalle, zeigen ein Streben, in Flüssigkeiten eingetaucht, Ionen mit Ladung in die Flüssigkeit hineinzusenden. Wir sprechen in diesem Falle von einer Lösungstendenz oder dem *elektrolytischen Lösungsdruck.* Ihm wirkt der *osmotische Druck* der Flüssigkeit entgegen. Da derselbe von der Konzentration der bereits in der Lösung befindlichen gleichen Ionen abhängt, wird eine Verkleinerung desselben zu einer Vermehrung der vom Metall abdissoziierten Metallionen führen. Jedem Metall kommt aber auch eine seiner Natur entsprechende Konstante „*p*" der „elektrolytischen Lösungstension" zu, die ebenfalls die Abspaltung der Ionen in die Lösung beeinflußt.

Wenn also ein Silberstab in H_2O taucht, so werden, wenn auch nur in sehr geringer Menge, [Ag˙] vom Metall durch den Lösungsdruck in die Flüssigkeit getrieben und dabei positive Ladung mitnehmen. Die weitere Folge muß sein, daß das Metall gegenüber der Lösung eine negative Ladung aufweist und zwischen Metall und Lösung eine „Potentialdifferenz" entsteht. Wenn man eine Silberelektrode aber nicht in Wasser einsetzt, sondern in eine Silbersalzlösung, z. B. $AgNO_3$, dann gibt es drei Möglichkeiten, weil in der Lösung, infolge des dissoziierten Silbersalzes

$$AgNO_3 \rightleftarrows Ag^{\cdot} + NO_3'$$

schon [Ag˙] vorhanden sind.

Ist die Menge der Lösungs-Ag-Ionen gerade so groß, daß der durch sie verursachte osmotische Druck die Lösungstension des Ag ausgleicht, so können keine Ag-Ionen vom Silber in die Lösung geschickt werden. Es wird in diesem Falle keine Potentialdifferenz zwischen dem Metall und der Ag-Salzlösung auftreten.

Ist die Konzentration der Lösung an Silberionen klein, so daß der Lösungsdruck des Silbers überwiegt, nimmt letzteres eine negative Ladung an. Schließlich kann die Silberionenkonzentration, bzw. der osmotische Druck derselben die Lösungstension überwiegen, was wegen Abgabe von Ag˙ an das Silber zu einer positiven Ladung desselben führt. Diese drei Möglichkeiten lassen sich durch folgende Modelle darstellen:

$$\underbrace{\underline{\text{Metallionen} \rightleftarrows \text{Lösungsionen},}}_{\text{Metall ohne Ladung}} \quad \underbrace{\underline{\text{Metallionen} \rightarrow \text{Lösungsionen}}}_{\text{Metall — Ladung}}$$

$$\underbrace{\underline{\text{Metallionen} \leftarrow \text{Lösungsionen}}}_{\text{Metall + Ladung}}$$

Wir können daher aus der Potentialdifferenz die Menge der in Lösung befindlichen Metallionen ermitteln. Dazu dient uns die schon angeführte NERNSTsche Fundamentalgleichung. Soll ein elektrochemisches Grammäquivalent mit seiner Ladung $1\,F$ bei der Potentialdifferenz E zwischen Lösung und Metall in die Lösung getrieben werden, so erfordert dies die Arbeit $A = E \cdot F$. Da nun die Ladung F für ein Ionenäquivalent gleich 1 ist, ist $A = E$. Berücksichtigen wir nun die Mehrarbeit, die erforderlich wird, wenn der osmotische Druck, der bereits in Lösung befindlichen Metallionen langsam erhöht wird, können wir die Mehrarbeit berechnen und kommen für die Potentialdifferenz E schließlich zum Ausdruck

$$\mathrm{E} = \frac{RT}{nF} \cdot \ln \frac{P}{p}.$$

Das E wird negativ sein im Sinne des Austrittes von Ionen in die Lösung. Im Falle des Fehlens einer Potentialdifferenz ($E = O$) läßt die Gleichung erkennen, daß dies eintritt, wenn $\frac{P}{p} = 1$ ist, also $P = p$. Es geht aber auch hervor, daß in P die Größe der elektrolytischen Lösungstension des Metalls vorliegt.

Sobald E in Volt ausgedrückt werden soll, muß der NERNSTsche Wert für $\frac{R}{F}$ eingeführt werden. Demnach ist dann

$$E = 1{,}983 \cdot 10^{-4} \cdot T \cdot \log \frac{C_1}{C_2} \text{ Volt.}$$

C bedeutet in der Gleichung die elektrolytische Lösungstension und ersetzt, da es sich um Ionenkonzentrationsmessungen handelt, das P. Da sich E in logarithmischer Abhängigkeit von C befindet, wird eine große Änderung von C_1 nur eine kleine von E zur Folge haben.

In der Gleichung $E = 1{,}983 \cdot 10^{-4} \cdot T \cdot \log \frac{C}{c} = 1{,}983 \cdot 10^{-4} \cdot T\,(\log C - \log c)$ ist $1{,}983 \cdot 10^{-4}$ konstant und von der Temperatur abhängig. Es ist ein für die verschiedenen Temperaturen ein für allemal festgesetzter Faktor, dessen Werte mit 1000 multipliziert im Anhang tabellarisch für die Meßtemperaturen zusammengefaßt und mit „ϑ“ bezeichnet sind und für einwertige Ionen gelten.

Für die Berechnung vereinfacht sich der Ausdruck:

$$E = \vartheta\,(\log C_1 - \log C_2).$$

Liegen zwei Lösungen vor, deren H-Ionenkonzentration c_1 und c_2 sich wie 10 : 1 verhalten, so ist bei 20°

$$E = 58{,}1 \cdot \log \frac{10}{1},$$

$$= 58{,}1 \cdot 1 \text{ in Volt.}$$

Die Lösung 1 zeigt gegenüber der Lösung 2 eine Potentialdifferenz von 58,1 mV bei 20° C.

6. Bezugselektroden.

Die Potentialdifferenz E bezog sich auf ein sogenanntes „Einzelpotential“ in der Doppelschicht an der Grenze Lösung—Metall, das unmittelbar zu messen wir nicht in der Lage sind. Wohl aber gelingt die Messung auf dem Umwege über die Zusammensetzung einer Kette oder eines Elements aus zwei Einzelpotentialen, sofern das eine die Potentialdifferenz 0 besitzt. So können wir den absoluten Wert des Einzel-Wasserstoffpotentials erhalten. Ein geeignetes Halbelement mit 0-Potential ist die „Quecksilbertropfelektrode". Wir brauchen aber meist die absoluten Werte von Potentialen überhaupt nicht, da es sich praktisch in der Regel um Messungen relativer Potentiale handelt, die sich als Differenzen zu einem bestimmten Bezugspotential ergeben. Eine solche Bezugselektrode ist die *Normalwasserstoffelektrode*.

Platin hat die Eigenschaft, sich schon bei normalem Atmosphärendruck mit molekularem Wasserstoff (H_2) weitgehend zu sättigen und sich dann wie eine metallische Wasserstoffelektrode zu verhalten. Bringt man je eine solche Wasserstoffelektrode in zwei etwa durch eine poröse Wand geschiedene und dadurch leitend verbundene Lösungen von verschiedener H-Ionenkonzentration, so werden beide Elektroden H-Ionen in die Lösung hineinsenden, und zwar so lange, bis der in den Lösungen von den vorhandenen H-Ionen verursachte, entgegenwirkende osmotische Druck einen weiteren Austritt verhindert. Die in die schwächer saure, also auch $H^{\cdot}$-ärmere Lösung eintauchende Elektrode wird ein negatives Potential gegenüber der anderen Elektrode in der stärker sauren, demnach $H^{\cdot}$-reicheren Lösung aufweisen. In Abb. 3 sind diese Verhältnisse schematisch wiedergegeben.

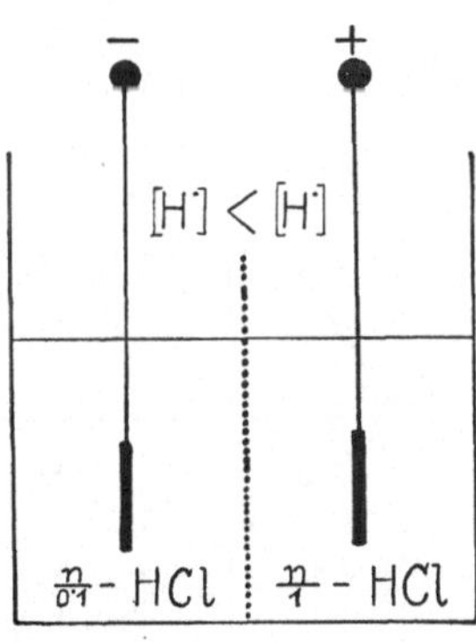

Abb. 3.

Die *Normalwasserstoffelektrode* bildet ein Halbelement, wenn sie in eine Lösung mit einer einfach normalen Wasserstoffionenkonzentration eintaucht. Für praktische Zwecke benutzt man eine n/1 HCl-Lösung. Als Bezugselektrode gebraucht, muß ihre Lösung durch einen Elektrolytleiter mit der zu messenden Flüssigkeit, in die eine zweite gesättigte Wasserstoffelektrode eintaucht, verbunden werden. Weiter ist zu beachten, daß die Sättigung des Platins mit Wasserstoff vom Druck desselben und der Temperatur abhängt. Solange man unter normalem Atmosphärendruck die Sättigung vornimmt, sind die stets schwankenden Druckwerte in ihrer Wirkung sehr gering und können praktisch vernachlässigt werden. Größere Unterschiede des Druckes treten dagegen stark in Erscheinung, denn eine zehnfache Wasserstoffdruckerhöhung führt zu einer Vergrößerung des Potentials um etwa 28 mV.

Erhebliche Fehler entstehen auch dann, wenn im Elektrodengefäß neben H_2 noch andere Gase, z. B. CO_2, vorhanden sind, die natürlich den Partialdruck des Wasserstoffes erniedrigen. Es tritt dieser Fall immer dann ein, wenn Kohlendioxyd sich in der zu messenden Flüssigkeit befindet und durch Wasserstoff verdrängt wird. Es muß dann eine für das vorhandene Mischungsverhältnis bestimmte Korrektur vorgenommen werden, deren *Zahlenwert* der gemessenen Potentialdifferenz *zuzuzählen* ist. Für das Verhältnis $CO_2 : H_2$ wie 1 : 9 überschreitet der Korrekturwert 1 mV und erreicht beim Verhältnis 1 : 2 rund 5 mV, um beim Verhältnis 1 : 1 etwa 9 mV zu betragen.

Auch die *Temperatur*, bei der die Sättigung der Wasserstoffelektrode mit H_2 stattfindet, muß stets berücksichtigt werden, denn eine Verminderung derselben führt zu einer Sättigungsänderung und einem wechselnden Potential. Demnach weisen die Potentialdifferenzen in Ketten mit dem Wasserstoffhalbelement mit der Temperatur Verschiebungen auf, die aus dem Diagramm der Abb. 4 klar ersichtlich werden. Die Ordinate trägt die Differenzen der $\pm$-Potentiale von $p_H = 4$, während auf der Abszisse die Temperaturen verzeichnet sind. Als Bezugselektrode wurde die später zu erörternde n/0,1 und gesättigte Kalomelelektrode in Verbindung mit der H_2- und Chinhydronmeßelektrode gewählt.

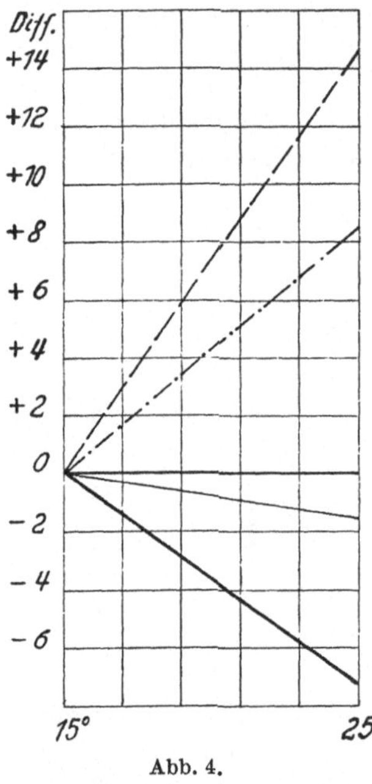

Abb. 4.

Tab. 5 zeigt die Zahlenwerte und ihre Differenzen auf, auf denen das Diagramm aufgebaut ist.

Alle Bezugselektroden müssen mit der Meßflüssigkeit durch einen Elektrolytleiter verbunden werden. Dabei können sich mehr oder minder starke Potentialdifferenzen ausbilden, die zur Potentialdifferenz Metall—Flüssigkeit hinzukommen. Man bezeichnet erstere als „*Diffusionspotentiale*“, die sich stets dort einstellen, wo Lösungen gleicher Ionen verschiedener Konzentration oder Lösungen verschiedener Ionen unmittelbar aneinandergrenzen. Die Größe solcher Diffusionspotentiale

Tabelle 5.

$p_H = 4$	Bezugselektrode	t°	Potential	Differenz
Pt—H_2-Elektrode				
im Diagramm ——	n/0,1 Kalomelelektrode	15 25	— 566,6 — 574,0	— 7,4
im Diagramm ——	Kalomelelektrode gesättigt	15 25	— 480,7 — 482,2	— 1,5
Chinhydronelektrode				
im Diagramm - - -	n/0,1 Kalomelelektrode	15 25	+ 140,0 + 125,3	+ 14,7
im Diagramm -·-·-	Kalomelelektrode gesättigt	15 25	+ 226,3 + 217,5	+ 8,5

bestimmen die Differenzen in der Wanderungsgeschwindigkeit der Ionenarten. Im Falle der Berührung HCl—H_2O wandern die H˙ und Cl′ von den Orten höheren zu jenen geringeren Druckes. Die Wasserstoffionen trachten, den Chlorionen voranzueilen, obwohl durch die elektrostatischen Kräfte eine gewisse Abbremsung herbeigeführt wird. Immerhin erhält dadurch das Wasser eine Vermehrung der positiven Ladung. Allgemein wird die Ladung der verdünnten Lösung im Sinne der schneller wandernden Ionen beeinflußt. Die Größe der Diffusionspotentiale erreicht nur niedrige, in der Größenordnung weniger Millivolt liegende Werte, die bei genauen wissenschaftlichen Messungen zu berücksichtigen sein werden. Deshalb sucht man die Diffusionspotentiale weitgehendst zu „*vernichten*". Zwei Wege werden dazu meist verwendet. Entweder setzt man den Lösungen *indifferente Elektrolyte* in größerer Menge zu, damit diese die Stromleitung in der Flüssigkeit größtenteils übernehmen und davon für die übrigen Ionen fast nichts mehr übrigbleibt. Bei der Messung starker Säuren und Basen benutzt man diese Methode der Diffusionspotentialvernichtung sehr häufig. Man darf aber nicht übersehen, daß durch die Salzbeigabe die Aktivität der zu messenden Ionen beeinflußt wird. Oder man verwendet als Stromleiter eine gesättigte Lösung von *Kaliumchlorid.* Die Ionen *K*˙ und Cl′ besitzen eine fast gleiche Beweglichkeit. Die etwa n/4 starke gesättigte KCl-Lösung wird in der praktischen Meßtechnik meist gebraucht.

Endlich kann man zur „*Glaselektrode*" greifen, die später genauer behandelt wird. Bei ihr findet eine Trennung bzw. Verbindung der Meßflüssigkeiten durch eine sehr dünne Glasmembran statt.

Der Wasserstoffbezugselektrode sind wegen der großen Konstanz und den minimalen Diffusionspotentialen die *Kalomelelektroden* überlegen. Das Element Wasserstoffmeßelektrode—Kalomelelektrode ist keine Konzentrationskette, da deren Potentialdifferenz nicht ausschließlich von den H-Ionen, sondern auch vom elektrolytischen Lösungsdruck des Quecksilbers bedingt wird. Daher erscheint im ersten Augenblick die Berechnung der p_H-Werte aus der gemessenen Potentialdifferenz umständlich und schwierig. Sie wird aber sofort einfach, wenn man die Verhältnisse der Kalomelelektroden zur Normalwasserstoffelektrode festlegt. Es braucht nur für jede Meßtemperatur die Potentialdifferenz zwischen der angewendeten Kalomelelektrode und der Normalwasserstoffelektrode festgestellt zu sein.

Das grundlegend Verschiedene der Kalomelelektrode gegenüber der Wasserstoffelektrode besteht darin, daß hier das *Quecksilber* das Elektrodenmetall ist, das Hg-Ionen in die Elektrodenflüssigkeit abgibt, die von einem Elektrolyten zur Stromführung und dem nur sehr schwer löslichen Quecksilberchlorür oder Kalomel (Hg_2Cl_2) zur Hg-Ionenlieferung gebildet wird. Als Elektrolyt dient Kaliumchlorid (KCl). Wenn das Quecksilber mit einer konzentrierten Kalomellösung in Berührung steht, so entsteht ein von der Temperatur abhängiges Potential. Sobald wir aber den Elektrolyten KCl zusetzen, wird die Zahl der vorhandenen Hg-Ionen vermindert und damit auch das Potential. Das KCl zerfällt in seine

Ionen K· und Cl′. Es erhöht sich dadurch die Chlorionenkonzentration in der gesättigten Kalomellösung. Dadurch wird aber die Hg-Ionenmenge verkleinert. Deshalb wird das Potential durch die Konzentration des KCl bestimmt. Aus diesem Grunde bezeichnet man die Kalomelelektrode nach der Normalität der KCl-Lösung und spricht von einer „gesättigten“ Kalomelelektrode, wenn eine gesättigte KCl-Lösung Verwendung findet, oder von einer n/0,1 Kalomelelektrode, wenn als Elektrolytflüssigkeit eine n/0,1 KCl-Lösung dient usw.

Die Einzelpotentiale der drei wichtigsten und meistverwendeten Kalomelelektroden (gesättigt, n/1 und n/0,1 KCl) betragen bei 25° C 526,6, 564,8 und 617,7 mV.

Die Differenz dieser Einzelpotentiale der Kalomelelektroden und Normalwasserstoffelektrode gibt den für die p_H-Bestimmung notwendigen Bezugswert: Kalomel-Normalwasserstoffelektrode; er ist

für die gesättigte Kalomelelektrode bei 25° 245,8 mV und
für die n/0,1 Kalomelelektrode bei 25° 337,6 mV.

7. Glaselektrode.

Bereits im Jahre 1906 berichtet Cramer (*36*) vom Auftreten elektromotorischer Kräfte an einer sehr dünnen gläsernen Trennungswand von

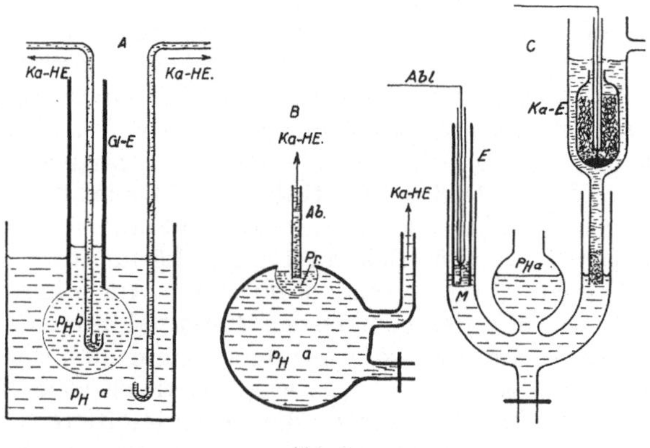

Abb. 5.

zwei Lösungen verschiedener H-Ionenkonzentration. Haber und Klemensiewicz (*37*, *38*) konnten dann die Beziehungen zwischen Wasserstoffzahlen und Potentialen an einer solchen Trennungswand aufdecken und formten „Glaselektroden“ von kugeliger Gestalt mit Glasstärken von nur wenigen Tausendsteln eines Millimeters. In Abb. 5 (A) ist die Habersche Glaselektrode in schematischer Versuchsanordnung wiedergegeben, wie sie für elektrometrische Titrationen Verwendung fand. Kerridge (*39*) verkleinerte die wirksame, beide Phasen trennende Glaswand, indem er das zur Aufnahme der Vergleichslösung bestimmte Kugelgefäß an einer kleinen Stelle zu einem Napf mit sehr dünner Wand einzog, in den die zu messende Lösung kam. Abb. 5 (B) zeigt in schematischer Darstellung diese Glaselektrode. Zu einer noch kleineren wirksamen Trennungswand besonders dünner Glasstärke gelangten INNES und DOLE (*40*) dadurch, daß sie das Ende eines Glasrohres mit einer nur wenige Mikren dicken Glasmembran durch Anschmelzen derselben verschlossen. Der Durchmesser der Membran betrug nur wenige Millimeter, was zu einem sehr großen, über 50 Millionen Ohm betragenden Widerstand derselben führte, obwohl sie für die Membran eine besonders gut leitende Glassorte verwendeten. In Abb. 5 (C) ist, mit E bezeichnet, diese Elektrode mit ihrer Ableitung, eingesenkt in die Meßlösung, abgebildet, wobei M eben die wirksame Glasmembran bedeutet.

Ohne des näheren auf die Theorien der Wirkungsweise solcher Glaselektroden und des Entstehens der Potentiale einzugehen, sei nur kurz erwähnt, daß dabei infolge des kolloidalen Zustandes des Glases oberflächlich in die Membran Wassermoleküle aufgenommen werden, deren Dissoziation zu einer Ansammlung von H-Ionen in der Membran führt und so eine Art Wasserstoffelektrode zustande kommt. Außerdem besteht das Bestreben der H-Ionen in den Flüssigkeiten beiderseits der Membran, sofern ihre Menge darin ungleich ist, aus der wasserstoffionenreicheren Lösung in die wasserstoffärmere durch die Glaswand überzutreten. Damit bildet sich eine Wasserstoffionenkonzentrationskette aus, die weitgehend den bezüglichen Forderungen der Formel von NERNST gehorcht.

Die Glaselektrode hat nun den Vorteil, die Meßflüssigkeit von der Bezugslösung chemisch vollkommen zu trennen, wodurch Diffusionswirkungen mit ihren Einflüssen auf die p_H-Messung aller anderen Elektroden restlos ausgeschaltet werden. Dafür hat sie aber den Nachteil, den Widerstand in der Meßanordnung außerordentlich zu erhöhen. Die p_H-Bestimmungen konnten daher nur mit sehr empfindlichen elektrometrischen Instrumenten oder Spiegelgalvanometern wirklich genau ausgeführt werden. Elektrodengifte und stark oxydierende bzw. reduzierende Lösungen stören die Messung nicht, wenn auch durch letztere die Membran an Haltbarkeit stark verliert.

Sehr bald erkannte man, daß dauernd möglichst gleich wirksame Membranen mit einigermaßen konstant bleibendem Bezugspotential nur durch die Verwendung bestimmter Glassorten erhalten werden können.

In dieser Hinsicht hat in den letzten Jahren das glastechnische Werk Schott u. Gen. in Jena durch die in ihren wissenschaftlichen Laboratorien über Glaselektroden angestellten Untersuchungen bahnbrechend gewirkt und Glaselektroden herausgebracht, die den an sie für den praktischen Gebrauch gestellten Forderungen voll entsprechen. Diese sind: Die Lebensdauer soll möglichst lange sein. Sie wird dadurch erreicht, daß alle Versuchsbedingungen derart gewählt werden, daß chemische Einflüsse von seiten der innen und außen das Glas berührenden Lösungen möglichst ausgeschaltet werden. Es darf auch nicht zu einem Eindringen von *Metallionen* in die Membran kommen, da sie den Elektrodenwiderstand und auch die sonstigen Elektrodeneigenschaften ändern. KRATZ (*43*) konnte feststellen, daß der Austausch von Lithium oder

Kalium aus der Lösung gegen Natrium des Glases zu einer starken Widerstandserhöhung führt, die bei niederohmigen Jenaer Glaselektroden schon nach wenigen Wochen zu den zwei- bis dreifachen Widerstandswerten führt, worauf später Unsicherheiten in der Potentialeinstellung eintraten. Daher rät KRATZ, nur mit Natriumsalzen *gepufferte* Bezugslösungen zu verwenden. Wie die Untersuchungen von HUBBARD, HAMILTON und FINN (*44*) ergaben, beeinflußt die Wasserstoffzahl sehr wesentlich den Angriffsvorgang auf das Elektrodenglas. Es besteht auch ein tiefer Unterschied zwischen dem *Glasangriff* durch *Säuren* und *Wasser* und einem solchen durch *Alkalien*. Erstere bewirken eine Hydrolyse der basischen Glasoberflächenteilchen und damit bei alkalireichem Glase eine Quellung des oberflächlichen Kieselsäuregerüstes. Die Laugen dagegen lösen dieses und alle anderen Glasbestandteile (GEFFCKEN und BERGER) (*45*). Eingehende Untersuchungen von KRATZ mit dem Jenaer Sonderglas 4073^{III}, niederohmigen Jenaer Glaselektroden und auch gut leitendem Sonderglas bestätigen das früher Gesagte und zeigen, daß der Angriff auf das Elektrodenglas im *neutralen* Gebiet sein *Minimum* hat. KRATZ (*41*) empfiehlt daher, als Bezugselektrodenlösung einen Natriumpuffer von p_H 4,5 bis 7,5 zu verwenden, der über „Elektrodengries" (grobkörnig zerkleinertes Elektrodenglas) aufbewahrt wird, um seine Sättigung mit den löslichen Bestandteilen dieses Glases vorweg zu erreichen. Als Füllung für die hochohmigen Elektroden kann wegen ihrer verhältnismäßig stärkeren Glasdicke eine n/0,1 HCl-Lösung genommen werden. Noch besser sind Bezugslösungen von p_H 4,5 bis 7,5. *Alkalische* Bezugslösungen sind jedenfalls zu vermeiden.

Für die lange und gleichmäßige Brauchbarkeit der Glaselektroden von einschneidender Bedeutung sind die Maßnahmen der Aufbewahrung der in Gebrauch stehenden Glaselektroden. Wenn die Arbeitsunterbrechung einen Tag nicht überschreitet, wird die gut gespülte Membran in destilliertes Wasser eingestellt. Bei länger dauernder Arbeitsunterbrechung wird die Elektrode innen und außen mit destilliertem Wasser gereinigt und in Tetrachlorkohlenstoff eingelegt. Hierin kann sie unbegrenzt lagern, ohne sich hinsichtlich ihres Potentials oder Widerstandes zu ändern. Zwischentrocknungen oder trockene Aufbewahrung der Membranen sind streng zu vermeiden, da durch sie Schrumpfungen des im Gebrauch normal sich bildenden Kieselsäuregels eintreten, welche zu abnormen mechanischen Spannungen in der dünnen Membran führen, wodurch größere Asymmetriepotentiale entstehen.

Die Glaselektrode darf aber nur kleine *Asymmetriepotentiale* von wenigen Zehnteln Millivolt aufweisen. Bei der Herstellung der Kette mit der Bezugslösung als Meßlösung (also gleicher p_H innen und außen) und Stromführung durch identische Ableitungselektroden soll eigentlich keine Potentialdifferenz entstehen, der Potentialwert also *Null* sein. Dieser Idealfall trifft aber selten ein, weil schon kleine Unregelmäßigkeiten der an sich nicht leicht herzustellenden Glasmembran zu einem Potential führen, das sogar mehrere Millivolt erreichen kann. Diese Spannung bezeichnet man als Asymmetriepotential.

Außer den schon genannten Eigenschaften muß man noch eine möglichst *geringe Polarisierbarkeit*, einen *niederen Elektrodenwiderstand* und einen sehr *kleinen Temperaturkoeffizienten* fordern.

Eine eindeutige Angabe des Potentials einer Glaselektrode ist im allgemeinen nicht möglich; denn die Glaselektrodenpotentiale beziehen sich immer jeweils auf die gesamte meßbereite Glaselektrodenkette, die infolge der Verwendung verschiedenster Elektrodenfüllungen und Hilfselektroden sehr mannigfach aufgebaut ist.

Dazu ist noch zu bemerken, daß sich das Asymmetriepotential von meßfertig gefüllten, verschlossenen und von metallisierten Glaselektroden keineswegs auf einfachem Wege feststellen läßt. Es läßt sich aber das Potential E einer Glaselektrodenkette im allgemeinen *annähernd* aus den Spannungen, die die äußere (E_a) und innere (E_i) Ableitungselektrode in ihren Lösungen gegen die Normalwasserstoffelektrode aufweisen, aus dem Membranpotential ($E_m = K_t \cdot \Delta p_H$) und dem asymmetrischen Potential (E_{as}) vorausbestimmen nach

$$E = E_i + K_t (p_{Hi} - p_{Ha}) + E_{as} - E_a$$

unter der Voraussetzung, daß sich die Bezugslösung im Innern der Glaselektrode befindet, also der p_{Hi}-Wert dem p_{Hb} der Bezugslösung gleich ist und p_{Ha} dem p_{Hv} der Vergleichslösung, bzw. dem zu messenden p_{Hx} entspricht. Die Spannungswerte erscheinen mit ihren Vorzeichen, das Asymmetriepotential E_{as} mit dem Vorzeichen der Innenseite als Bezugsseite des ganzen Elektrodensytems.

Die Jenaer Glaselektroden zum Arbeiten mit Bezugslösungen gestatten alle p_H-Messungen im Gebiet von p_H — 1 bis etwa p_H — 10, also in dem meist vorkommenden Bereich, wobei Temperaturen bis zu 60° C ohne weiteres zulässig sind. Bei höheren Temperaturen kann allerdings die Wirksamkeit einer solchen Elektrode irreversibel verlorengehen.

An Stelle der Bezugslösung mit Ableitungselektrode kann aber auch ein Metallbelag im Innern der Glaselektrode treten, wie es die metallisierten, schon meßfertig gelieferten Jenaer Elektroden aufweisen. Außer dem Wegfall einer Bezugslösung bieten sie den Vorteil, in ihrer Kölbchenform eine sinnreiche Abstützung der Membran zu besitzen, die sie gegen mechanische Beanspruchungen durch Stoß dadurch weitgehend schützt, daß die dünne Membran mit einem elastischen Körper von dem Glase gut angepaßten Eigenschaften fest verbunden ist. Die Glaselektrode mit Metallbelag zeigt zeitliche Veränderungen ihres Potentials, weshalb dasselbe stets vor Beginn einer Meßserie mit einer Standardpufferlösung zu eichen und nach Schluß derselben ebenso zu kontrollieren ist. Auch darf sie nur bei Temperaturen *unter* 40° C verwendet werden, wobei auch in diesem niederen Temperaturgebiet schroffe Temperaturwechsel zu vermeiden sind.

Allgemein gelten beim Arbeiten mit den Glaselektroden, insbesondere den Jenaer hochleitenden, folgende Regeln:

1. Die fabrikneue Glaselektrode ist von dem Paraffinüberzug durch Auflösung desselben mit CCl_4 zu befreien.

2. Darnach werden die beiden Membranseiten, bei metallisierten natürlich nur die zugängliche Außenseite, *mehrere* Tage in destilliertes Wasser bei Zimmertemperatur getaucht, da die Elektroden erst nach dieser Vorbehandlung auf p_H-Änderungen schnell und konzentrationsrichtig ansprechen.

3. Bei der Messung darf *nur* die Membran in die Meßflüssigkeit eintauchen, während der Elektrodenhals vollkommen trocken gehalten werden muß, um Kriechströme und durch sie verursachte Potentialüberlagerungen zu vermeiden. Es empfiehlt sich daher, den Elektrodenhals durch Aufstreichen einer 15%igen Lösung von Paraffin (ca. 50° Schmelzpunkt) in CCl_4 zu bestreichen.

4. Nach Beendigung der Meßreihe sind die Elektroden mit destilliertem Wasser rein zu spülen und in solchem aufzubewahren, bzw. deren Membran in solches eingetaucht zu halten, wenn die Arbeitsunterbrechung einen Tag *nicht* überschreitet. Bei längerer Aufbewahrung außer Gebrauch ist die Membran unter CCl_4 zu halten, worauf schon früher kurz hingewiesen wurde.

5. Mechanische Reinigungen der Membran durch Abwischen mit Stoff- oder Lederlappen, Filtrierpapier usw., ja auch das Berühren mit den Fingern sind jedenfalls zu unterlassen.

Da die Jenaer Glaselektroden aus einem *gut leitenden* Sonderglas gemacht sind, welches auch chemisch ziemlich unempfindlich, also widerstandsfähig ist, konnte eine Membrandicke gewählt werden, die trotz ihrer mechanischen Festigkeit einen elektrischen Widerstand ergab, der die Verwendung von *Zeigergalvanometern* mit einer Empfindlichkeit $1 \cdot 10^{-7}$ A auch bei Zimmertemperatur möglich macht, um p_H-Messungen mit einer Genauigkeit von rund 0,05 p_H-Einheiten durchzuführen. Daß empfindlichere Meßinstrumente, wie Spiegelgalvanometer, das Arbeiten erleichtern und die Genauigkeit fördern, ist verständlich. Nur soll man beim Messen mit den hochleitenden Elektroden dann *Schutzwiderstände* mit den hochempfindlichen Galvanometern so in Serie legen, daß zuerst ca. 5 $M\Omega$ als größter Vorwiderstand und dann zur weiteren Einengung der Nullmessung 1 $M\Omega$ vorgeschaltet sind und erst am Schluß die Nullstellung ohne Vorwiderstand geprüft wird. Dadurch schützt man auch die Glaselektrode vor zu starker Strombelastung, die sonst zu störenden Polarisationserscheinungen führen würde.

Eine oft schon ausreichende Empfindlichkeitserhöhung von Zeigerinstrumenten kann man durch Parallelschaltung eines *Kondensators* von 1 μF mit der Glaselektrode oder den Endpunkten der Elektrodenkette, der mit der nicht kompensierten Restspannung aufgeladen wird und dessen Ladung sich dann beim Stromschluß ballistisch als stärkerer Stromstoß auf das Nullinstrument auswirkt. Erwähnt sei noch, daß sich an die gebräuchlichen fest zusammengebauten Kompensationseinrichtungen in Serie mit der Elektrodenkette ein hochempfindliches Nullinstrument zusätzlich zuschalten läßt, dessen Ausschläge nunmehr auf Null ausgeglichen werden.

Über die Widerstände der einzelnen Typen von Jenaer Glaselektroden bei Zimmertemperatur gibt Tab. 6 einen Überblick.

Tabelle 6. Jenaer Glaselektroden (Glaswerk Schott u. Gen.).

Listen-Nr.	Typen-Nr.	Type	Membran mm Ø	Membran mm Länge	Widerstand bei 20° C in MΩ	Stromempfindlichkeit des Meßgerätes 1 ×
5960	9000 9050	Kölbchenelektrode ohne u. mit Metallbelag	30	—	0,3—0,6	10^{-7} bis 10^{-8} A (Zeiger- und einfache Spiegelgalvanometer)
6973	9000g	Kölbchenelektrode meßfertig gefüllt	30	—	0,3—0,6	
5960	9010	Stabelektrode	8	40	0,6—1,2	
5960	9020 9070	Nadelelektrode ohne u. mit Metallbelag	2	40	3—5	
6973	9005 9055	Kölbchenelektrode ohne u. mit Metallbelag	30	—	7—10	10^{-9} bis 10^{-10} A (Spiegelgalvanometer, Elektrometer, einfache Röhrenvoltmeter)
6973	9005g	Kölbchenelektrode meßfertig gefüllt	30	—	7—10	
6973	9015 9066	Stabelektrode ohne u. mit Metallbelag	8	40	15	
6973	9025 9075	Nadelelektrode ohne u. mit Metallbelag	2	40	60	

Die elektrische Leitfähigkeit der *Glaselektroden* wird durch die *Temperatur* insofern wesentlich und für viele Fälle günstig beeinflußt, als diese mit zunehmender Wärme steigt, also der Widerstand fällt. Dies zeigt deutlich Tab. 7 nach der Druckschrift 5960 des Jenaer Glaswerkes Schott u. Gen. Der Widerstand sinkt demgemäß bei einer Steigerung der Temperatur von 20 auf 45° C aufden zehnten Teil ab. Damit steigt anderseits etwa im gleichen Verhältnis die chemische Angreifbarkeit der Membran, wodurch deren Lebensdauer gekürzt wird.

Tabelle 7.

Temperatur in °C	Elektrische Leitfähigkeit, chemischer Angriff
20	1,00
30	2,51
40	6,31
50	15,85

Die Ermittlung von p_H-Werten innerhalb von 1 und 10 aus den gemessenen Potentialen kann auf verschiedenen Wegen vorgenommen werden, da die Wirkung der Glaselektroden in diesem p_H-Bereich eine reine Wasserstoffunktion im Sinne der Nernstschen Formel ist und bei der Temperatur eine p_H-Änderung um eine Einheit bei 20° C einer Potentialänderung von rund 58 mV entspricht.

1. Am einfachsten und schnellsten lassen sich die Bestimmungen mit Hilfe einer *Eichkurve* für jede Elektrode ermitteln, wenn man auf große Genauigkeit verzichtet. Zur Erstellung der Eichkurve bestimmt

man die Potentiale von verschiedenen Standardpufferlösungen bekannten p_H-Wertes mit der zu eichenden Elektrode und stellt die Resultate graphisch in einer Kurve dar. Die Ordinate trägt die p_H-Werte und die Abszisse die dazugehörigen gemessenen Potentiale in Millivolt. Da die Verbindung der durch Messung der bekannten p_H-Werte erhaltenen Potentialpunkte eine Gerade ist, entsprechen alle Punkte derselben den zugehörigen Ordinatenwerten der Wasserstoffexponenten zwischen $p_H = 1$ bis 10.

2. Für genaue Bestimmungen empfiehlt sich die Anwendung der folgenden Berechnung, die allerdings jedesmal drei Messungen erfordert. Dabei wird zuerst das Potential der unbekannten Lösung bestimmt und dann das Potential von zwei Standardlösungen bekannten p_H-Wertes mit wenig nach oben und unten abweichendem Potential. Der p_{Hx} wird dann aus diesen Messungen graphisch oder rechnerisch interpoliert.

3. Schließlich erhält man auch sehr genaue Ergebnisse, wenn man das Potential (E) in einer Standardpufferlösung mit bekanntem p_H-Wert (p_{Hv}) und jenes (E_x) der zu untersuchenden Flüssigkeit in Millivolt bestimmt und daraus den p_H-Wert (p_{Hx}) nach der NERNSTschen Beziehung errechnet:

$$p_{Hx} = p_{Hv} + \frac{E - E_x}{K}.$$

Unter Zulassung der Vernachlässigung der innerhalb der sonstigen Fehlergrenzen liegenden Abweichungen im p_H-Gebiet 1 bis 10 reichen für die praktischen Messungen selbst im Laboratorium die K-Werte der

Tabelle 8.

$t°$	K	$t°$	K	$t°$	K	$t°$	K
15	57,1	20	58,1	25	59,1	29	59,9
16	57,3	21	58,3	26	59,3	30	60,1
17	57,5	22	58,5	27	59,5	37	61,5
18	57,7	23	58,7	28	59,7	40	62,2
19	57,9	24	58,9				

Wasserstoffelektrode ($K = 57{,}7 + 0{,}2\,(t - 18)$) (Tab. 8) für die hauptsächlich benutzten Meßtemperaturen aus.

Die geschilderten Meßmethoden haben den Vorteil, von der Beeinflussung durch ein Asymmetriepotential unabhängig zu sein, da ja der p_H-Wert stets aus der Potentialdifferenz der Vergleichsstandardpufferlösung bekannten p_H-Wertes und der Meßlösung bestimmt wird.

Die vorzügliche glastechnische Durchbildung der Glaselektrode hat heute bereits zu Typen geführt, die allen Anforderungen der p_H-Meßtechnik nachkommen, weshalb sich die Glaselektrode in den letzten Jahren derart eingeführt hat, daß sie heute im Vordergrund steht. Deshalb schwoll das Schrifttum über sie und ihre Anwendungsgebiete außerordentlich an. Man findet selbes sehr gut gesammelt bei SCHWABE (*46*) und KRATZ (*42*), weshalb hier auf die Wiedergabe der Einzeldarstellungen weitgehend verzichtet werden konnte.

Es sei nur noch auf die Abhandlung von Aten, Boerlage und Garssez (*123*) über vergleichende Untersuchungen hinsichtlich der Brauchbarkeit der Jenaer Glaselektroden aus der allerletzten Zeit hingewiesen.

Für die *Ableitung* des *Potentials* der zu messenden Flüssigkeit dient meist die gesättigte Kalomelelektrode in dafür besonders zweckmäßiger Gestaltung. Eine solche bringt das Glaswerk Schott u. Gen. unter dem Namen „Kalomel-Tauchelektrode“ heraus, die auch als meßfertig gefülltes Instrument versandt wird. Abb. 6 zeigt die Kalomelelektrode im Schnitt, meßfertig zusammengestellt. In dem Napf, der durch den Normalschliff *S* an das Überleitungsrohr mit dem Luftloch *L* angesetzt ist, befindet sich das Quecksilber Hg, in das der Platindraht für die Ableitung eintaucht. Über dem Hg befindet sich die Kalomelpaste *P*, die durch den Boden aus Glasfritte (*F*) des Ableitungsrohres luftblasenfrei und gut leitend gegen die gesättigte Kaliumchloridlösung (KCl) im Innenrohr abgeschlossen ist. Durch ein kleines Loch dieses Rohres steht die KCl-Lösung mit der KCl-Lösung des unten wieder mit einer Fritte (*F'*) geschlossenen Mantelrohres in unmittelbarer Verbindung. Der Kautschukstopfen *G* hält das Innenrohr mit der Ableiteklemme *K* und verschließt oben das Mantelgefäß mit der Leitflüssigkeit KCl luftdicht. Das untere Ende dieses Systems wird bei Nichtgebrauch mit Hilfe des Gummistopfens *G'* luftdicht in das zum Teil mit konzentrierter KCl-Lösung gefüllte Gefäß so weit eingesenkt, daß die Fritte sicher eintaucht. In diesem Zustand ist diese Kalomelelektrode unbegrenzt gebrauchsfähig haltbar, da weder daraus Wasser verdampfen noch KCl herauskriechen kann; letzteres verhindert man sicher durch einen Paraffinüberzug der äußeren Gefäßwände an dem Kautschukstopfen. Die Zubereitung der Füllung erfolgt nach den für die Kalomelbezugselektrode im Abschnitt *C*, Nr. 1 und 3, gegebenen Anweisungen.

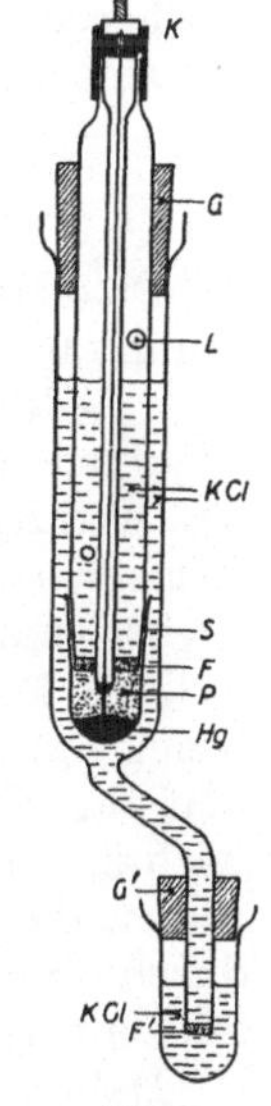

Abb. 6.

Die Füllung des Napfes geschieht luftblasenfrei am leichtesten so, daß man zuerst das Quecksilber einbringt, dann bis nahe an den unteren Schliffrand die etwas zäh gehaltene Kalomelpaste, auf die man ohne Aufwirbeln bis zum Schliff gesättigte KCl-Lösung schichtet, worauf allmählich mit dem Innenrohr die Fritte so eingesenkt wird, daß deren Fläche den Flüssigkeitsspiegel gleichmäßig berührt. Die Lösung dringt in die Fritteporen langsam ein und steigt innen auf. Sobald der Schliff sitzt, sichert man ihn durch einen um die angebrachten Glashäkchen gewundenen dünnen Platindraht. Nun bringt man durch das Loch *L* eine kleine Menge KCl-Kristalle ein. Jetzt füllt man das Mantelrohr etwa zur Hälfte mit gesättigter KCl-Lösung und setzt die Kaliumelektrode mit dem Gummistopfen langsam luftdicht ein. Durch das untere Loch fließt in dieselbe bis zum Niveauausgleich die Lösung ein, während die Luft durch das obere Loch in das Mantelgefäß austritt.

Diese Kalomeltauchelektrode ist sehr handlich im Gebrauch und kann besonders zweckmäßig auch für die Messungen mit Nadelelektroden in sehr kleinen Flüssigkeitsmengen verwendet werden. Da die Einstellung des Meßpotentials bei richtig vorbehandelten Glaselektroden augenblicklich erfolgt, besteht keine Gefahr des Eindringens von Meßlösung durch die Fritte des Ansatzrohres in der KCl-Lösung, wodurch eine Verunreinigung und damit verändertes Eigenpotential bewirkt würde. Die Fritte wird selbstverständlich nur wenig in die Meßlösung getaucht und nur so lange darin belassen, als es eben die Messung erfordert. Hierauf wird die Tauchelektrode sofort herausgehoben, mit feinem Strahl KCl-Lösung aus der Spritzflasche die Meßlösung kurz weggespült und das KCl-Becherchen wieder als Verschluß angesetzt. So erhält man die Kalomeltauchelektrode jahrelang meßfertig.

8. Metallelektroden.

Die Metallelektroden schließen sich in ihrer Wirkungsweise der Chinhydronelektrode an, da es sich dabei im wesentlichen um Oxydations- und Reduktionsstufen handelt. Auch die Metallelektroden sind gegen Elektrodengifte ziemlich unempfindlich und stellen ihr Potential sehr rasch ein, wodurch die Meßzeiten kurz werden. Sie eignen sich daher auch für Registrierungen fortlaufender Meßreihen. In der Metallsubstanz dieser Elektroden liegt schon infolge der Herstellung das notwendige schwer lösliche Metalloxyd vor, bei dessen Gegenwart die Metallelektrode in bezug auf Sauerstoffionen *reversibel* ist. Dadurch bekommt sie die Fähigkeit zur Messung der Sauerstoffionenkonzentration. Nach dem Gleichgewichtsschema $H_2O \rightleftharpoons 2\,H' + O''$ besteht zwischen H-Ionen- und O-Ionenzahl in jeder wässerigen Lösung ein konstantes Verhältnis, so daß durch die Sauerstoffionenkonzentration auch die Wasserstoffionenkonzentration eindeutig festgelegt ist.

Daher sind die Metallelektroden vom Typus Metall/schwerlösliches Metalloxyd zur p_H-Messung theoretisch geeignet.

Früher und zum Teil auch heute wurden dazu und zur elektrometrischen Titration in erster Linie Mangan-, Wolfram- und insbesondere *Antimonelektroden* verwendet.

Über die Manganelektrode berichtet PARKER (*46*) für die Zwecke der Titration. Sie wird heute kaum benutzt.

Wohl aber hat die *Antimonelektrode* für Titrationszwecke und auch für p_H-Messungen große Bedeutung, da sich ihr Potential sehr schnell einstellt und bei richtiger Herstellung und sorgfältigem Gebrauch derselben für die meisten praktischen Forderungen ihre Potentialkonstanz ausreicht. Die Erklärung ihrer Wirksamkeit gaben schon UHL und KESTRANEK, (*47*) die sie im Jahre 1923 zuerst beschrieben:

$$Sb_2O_3 + 2\,H^{\cdot} \rightleftharpoons 2\,SbO^{\cdot} + H_2O.$$

Nun hängt das Potential von der $SbO^{\cdot}$-Konzentration ab und letztere von der Wasserstoffionenkonzentration.

Mit der Feststellung der Eigenschaften der Antimonelektrode haben sich außer den genannten Forschern (*51*, *54*, *70*, *73*, *74*) zahlreiche andere eingehend beschäftigt, von denen KOLTHOFF und HARTONG (*48*) zuerst die Potentiale in der Kette

n/1 Kalomelelektrode / p_H-Puffer / Antimon

bestimmten und folgende Potentiale in Millivolt erhielten:

Tabelle 9.

p_H	mV	p_H	mV	p_H	mV
1,05	89	5,00	282	9,36	512
3,00	190	6,00	327	11,30	616
4,00	236	7,00	374	12,25	660
		8,24	457		

Die Herstellung der Antimonelektrode gestaltet sich nach den Erfahrungen und Angaben aus dem Schrifttum einfach, wenn man von gepulvertem Antimon (KAHLBAUM) ausgeht und daraus im einseitig geschlossenen Rohr aus Jenaer Glas durch Verschmelzung des in kleinen Portionen eingetragenen Pulvers den Antimonstab in einer Dicke von 2 bis 8 und einer Länge von 10 bis 80 mm herstellt. Sobald die Metallschmelze erstarrt ist, wirft man das Röhrchen in Wasser. Es zerspringt und der blanke Antimonstab mit glatter Oberfläche wird frei und kann sofort als Elektrode verwendet werden. Das Potential ist negativ. Als Bezugselektrode wird meist das gesättigte Kalomelhalbelement (+) über die Flüssigkeitsbrücke (gesättigte KCl-Lösung) angeschlossen.

Die Antimonelektrode hat einen *hohen* Temperaturkoeffizienten, der stets zu beachten ist, zumal die Meßgenauigkeit an sich nicht sehr hoch ist und man sich mit einer solchen von $\pm$ 0,1 p_H begnügen muß.

Nach den Befunden von SHUKOFF und AWSEJEWITSCH (*52*) mit elektrolytisch hergestellten Antimonelektroden bei den angegebenen p_H-Werten bewirkt 1° Temperatursteigerung folgende Potentialerhöhungen (*e*):

Tabelle 10.

p_H	*e* in mV pro 1° Temperatursteigerung	
	gesättigte Hg_2Cl_2-Elektrode	n/10 Hg_2Cl_2-Elektrode
3	0,7	1,1
5	1,2	1,7
7	1,8	1,9
9	2,9	2,3

Dann ist zu beachten, daß die Messung möglichst stromlos erfolgt, um Polarisationsstörungen auszuschließen.

Auch muß zur Konstanterhaltung des Eigenpotentials die Meßlösung stets gut durchlüftet oder mit Sauerstoff gesättigt sein.

Die Konstanz der Elektrode hängt auch von der gleichbleibenden Oberflächenbeschaffenheit des Antimonstabes ab. Deshalb ist derselbe nach jeder Messung mit Wasser zu spülen, abzutrocknen und vor jedem weiteren Gebrauch mit feinstem Schmirgelpapier ohne Gewaltanwendung blank zu reiben.

Heute werden von den verschiedenen Apparatefirmen die Antimonelektroden in verschiedenen Ausführungen hergestellt und mit allem Zubehör gebrauchsfertig geliefert.

Als besondere Metallelektroden seien nur kurz die *Bimetallelektrodensysteme* erwähnt, die zuerst von MEULEN und WILCOXON (*49*) beschrieben wurden. BRÜNNICH (*50*) kombiniert Platin mit reinem Graphit und erhielt damit sehr scharfe Umschlagswerte im Neutralen gegenüber großen Potentialen im sauren und alkalischen Gebiet, wie folgendes Beispiel zeigt:

Graphit	0,01 n HCl	Platin	+ 180 mV
„	neutrale Flüssigkeit.	„	— 5 mV
„	0,01 n NaOH	„	— 130 mV.

Besondere Bedeutung haben die Bimetallsysteme allerdings noch nicht erlangt.

9. Oxydation und Reduktion.

Es muß noch kurz jener Vorgänge gedacht werden, die wir als *Oxydationen* und *Reduktionen* zu bezeichnen pflegen und die im allgemeinen mit einer Zufuhr von positiver Ladung und Wegnahme negativer Ladung zusammenhängen. Die physikalische Chemie hat den alten Begriff der Oxydation, verknüpft mit einer O-Zugabe, und Reduktion, ausgelöst durch H_2-Zuführung, dahin erweitert, daß unter Oxydation jede Zugabe positiver Ladung und unter Reduktion jede Zufügung von negativer Ladung zu verstehen ist. Dementsprechend bedeutet bei einem in Wasser getauchten Metall die Abgabe von Ionen in die Flüssigkeit eine *Oxydation*, die zwangsläufig eine äquivalente Reduktion zur Folge hat. Die Erscheinungen des Verhaltens einer Metallelektrode in einer Flüssigkeit sind daher als ein Oxydations-Reduktions-Vorgang im weiteren Sinne aufzufassen. Dies gilt selbstverständlich auch für die uns in erster Linie interessierende Wasserstoffelektrode. Chemische Vorgänge, die mit einem Austausch von Ladungen einhergehen, lassen sich wiedergeben durch die Gleichung:

$$nA + mB \ldots r\cdot(+F) \rightleftharpoons pD + qE + \ldots .$$

Die Körper der linken Seite erhalten $r \cdot 96\,540$ Coulomb $= r \cdot (F)$ positive Ladungen und stellen die niedrigere Oxydationsstufe oder höhere Reduktionsstufe vor. Beziehen wir diese Überlegung auf die Wasserstoffelektrode, so müssen wir sie und überhaupt alle Metallelektroden als Oxydations-Reduktions-Elektroden auffassen, für die die allgemeine Formel gilt:

$$E = \pi_0 + RT \cdot \ln \frac{[\text{Oxydation}]}{[\text{Reduktion}]},$$

worin π_0 das Normalpotential, bzw. das „elektrolytische Potential“ des elektromotorischen Vorganges bedeutet.

Als sehr verwendbare Oxydations-Reduktions-Elektrode hat sich die *Chinhydronelektrode* erwiesen, deren wissenschaftliche Grundlagen von HABER und RUSS (*12*) erforscht worden sind. Im *Chinhydron* finden sich Chinon und Hydrochinon in molekularer Bindung, die beim Lösen des Chinhydrons in Wasser zerfällt. Daher besteht die Chinhydronlösung aus Chinon und Hydrochinon; ersteres entspricht der Oxydationsstufe, letzteres der Reduktionsstufe. Demnach handelt es sich bei einer *Chinhydronelektrode* um ein *Oxydations-Reduktions-Potential.*

$$\underset{\text{Benzochinon}}{C_4H_4O_2} + H_2 \rightleftarrows \underset{\text{Hydrochinon.}}{C_6H_4O_2H_2}$$

Wird eine Kette gebildet:

$$\text{Chinhydron} \;\; \frac{\quad \text{Pt}}{\text{n/1} \;\; \text{H}^{\cdot}} \;\; \text{Elektrolytlösung} \;\; \frac{H_2 - \text{Pt}}{\text{n/1} - \text{H}^{\cdot}},$$

so kann aus der gemessenen Potentialdifferenz der Wasserstoffdruck bestimmt werden.

Er beträgt nach BILLMANN (*13*) $10^{-24,4}$ at bei 18°, ist also sehr klein, weshalb sein Wert keine praktische Bedeutung besitzt. Daher kann man hier auch nicht von einer Wasserstoffelektrode sprechen.

Die elektrochemische Seite des Vorganges kann in folgenden Ausdrücken aufgezeigt werden:

$$C_6H_4O_2 + 2\,H^{\cdot} + 2\,Ⓗ \rightleftarrows C_6H_4O_2H_2$$

oder

$$C_6H_4O_2 + 2\,H^{\cdot} - 2\,F \rightleftarrows C_6H_4(OH)_2.$$

Nach der allgemeinen Formel und entsprechender Umformung für den vorliegenden Spezialfall ergibt sich bei 18° für

$$E = \pi_0 + \frac{0{,}0577}{2}\left(\log \frac{[\text{Chinon}]}{[\text{Hydrochinon}]} + 2 \log [H^{\cdot}]\right).$$

$\frac{[\text{Chinon}]}{[\text{Hydrochinon}]}$ ist immer $= 1$, da bei der Lösung der Chinhydrons stets 1 mol Chinon und 1 mol Hydrochinon entstehen.

Daher ist:

$$E = \pi_0 + 0{,}0577 \log [H^{\cdot}].$$

Setzt man die $[H^{\cdot}] = 1$, so fällt der zweite Teil des rechten Teiles weg und es wird $E = \pi_0$; π ist also das Potential einer Chinhydronelektrode bei der H-Ionenkonzentration 1. Dieser Wert hängt von der Wahl der Bezugselektrode ab und kann experimentell dadurch festgestellt werden, daß man dieselbe Lösung einmal mit der Wasserstoffelektrode und dann mit der Chinhydronelektrode gegen die gleiche Bezugselektrode mißt. Der mit der H_2-Elektrode erhaltene Wert wird auf die n/1 H_2-Elektrode umgerechnet (E_{H_2}) und zum Wert, bestimmt mit der Chinhydronelektrode, (E_{Ch}) hinzugezählt. Allgemein gilt der Ansatz

$$\pi = E_{H_2} + E_{Ch}.$$

Es kann nun mit einer *Chinhydronkette* gearbeitet werden, indem eine Chinhydronelektrode als Meßelektrode benutzt und eine zweite als Bezugselektrode in die Bezugslösung nach VEIBEL (*14*) oder nach MICHAELIS gebracht wird. Diese Kette bietet den Vorteil, nicht temperaturempfindlich zu sein, weshalb jede bezügliche Korrektur wegfällt. Der p_H-Wert berechnet sich aus der Differenz oder der Summe der p_H der Bezugslösung ($p_{H_{Bl}}$) und der erhaltenen Potentialdifferenz, dividiert durch den Wert von ϑ für die betreffende Temperatur:

$$p_H = p_{H_{Bl}} \cdot \frac{+E}{\vartheta}.$$

Ist die Bezugslösung saurer als die zu untersuchende Flüssigkeit, gilt das —-Zeichen, umgekehrt das +-Zeichen.

B. Elektrische Maße, Stromquellen, Schaltungen und Meßeinrichtungen.

1. Elektrische Maßeinheiten.

Vorausgeschickt seien hier die elektrischen Maßeinheiten und ihre Beziehungen untereinander. Wenn sich auch alle elektrischen Maße im Zentimeter-Gramm-Sekunden-System ausdrücken lassen, benutzt man doch meist die empirischen Maße, die aber alle mit dem Z.-G.-S.-System in unmittelbarem Zusammenhang stehen.

Die *elektrostatische Einheit* ist jene Elektrizitätsmenge eines Körpers, die in Luft im Abstande von 1 cm auf einen zweiten Körper mit der Kraft von 1 Dyne wirkt. Diese kleine Menge eignet sich als Maß für die Praxis schlecht. Deshalb leitet man davon das *Coulomb* ab, welches den Wert von $3 \cdot 10^9$ *elektrostatische* Einheiten hat.

$$\textit{Coulomb} = 3 \cdot 10^9 \text{ elektrost. Einheiten,}$$
$$\textit{Mikrocoulomb} = 3 \cdot 10^3 \text{ elektrost. Einheiten.}$$

Wenn zwei gleich große Metallkugeln mit verschiedenen Mengen Elektrizität geladen werden, so wird auf der Kugel mit viel Elektrizität eine höhere Spannung herrschen als auf jener mit der geringen Ladung. Da alle elektrischen Teilchen an der Kugeloberfläche sitzen und aufeinander abstoßend wirken, werden sich bei großer Ladung viele Teilchen gedrängt nebeneinander befinden, bei geringer Ladung weniger. Durch ihre gegenseitige Abstoßung üben sie einen Druck aus, dessen Größe von ihrer Menge auf der Flächeneinheit abhängt. Es befindet sich die ganze Elektrizitätsmenge unter einer bestimmten „*Spannung*“ und zwischen der Kugel größerer und jener geringerer Ladung besteht ein „*Spannungsunterschied*“, der sich dann ausgleicht, wenn zwischen beiden Kugeln eine metallische Verbindung hergestellt wird. Bei diesem Spannungsausgleich fließen Elektrizitätsmengen vom Orte der höheren Spannung zu dem geringerer Spannung. Dabei tritt im Verbindungsdraht eine *Erwärmung* auf. Es wird beim Transport der Elektrizität Arbeit geleistet, deren Größe durch die gebildete Wärme definiert ist. Die Erwärmung hängt von der Menge der übergeführten Elektrizität ab. Die Arbeitsgröße ist durch das Produkt der Faktoren: Spannungsunterschied und fließende Elektrizitätsmenge gegeben. Die *Spannungseinheit* entspricht jener Spannungsgröße, bei der beim Übergang einer Elektrizitätseinheit von 1 Coulomb eine Arbeit von 10^7 Erg geleistet wird.

$$\textit{Spannung} \times \textit{Coulomb} = 10^7\ \textit{Erg}\ (10^7\ \text{Erg} = 1\ \text{Joule}).$$

Die Spannungseinheit heißt 1 *Volt.* 0 V haben alle Körper, die mit der Erde leitend verbunden sind.

Die Spannung der Elektrizität auf einem Leiter wächst mit der zugeführten Ladung. Führt man dem gleichen Leiter die n-fache Elektrizitätsmenge zu, so steigert man dadurch die Spannung auf das n-fache. Der Bruch $\frac{\text{Elektrizitätsmenge}\,(q)}{\text{Spannung}\,(e)}$ muß für denselben Leiter demnach stets den gleichen Wert behalten: $C = \frac{q}{e}$. Das C bedeutet die konstant bleibende Aufnahmefähigkeit eines Leiters für Elektrizität, seine *Kapazität.* Sie wird mit der gleichen Maßzahl gemessen wie jene Elektrizitätsmenge, durch die die Spannung eines Leiters um eine Einheit erhöht wird. Die Maßeinheit für die Kapazität bildet das *Farad,* welches vorliegt, wenn 1 Coulomb Elektrizität einem Leiter die Spannung von 1 V erteilt. Wenn wir diese Werte in die obige Gleichung einsetzen, so erhalten wir

$$1\ \text{Farad} = \frac{1\ \text{Coulomb}}{1\ \text{Volt}}.$$

Da das Farad in den meisten Fällen eine viel zu große Einheit vorstellt, benutzt man als Maßeinheit meist den millionsten Teil eines Farad, das *Mikrofarad.* Der Kapazität kommt im absoluten Maßsystem die Dimension einer *Länge* zu, ist also auch in Zentimetern zu messen. Daher ist ein Farad $= 9 \cdot 10^{11}$ cm und ein Mikrofarad (MF) $= 9 \cdot 10^5$ cm.

Die Kapazität eines einzelnen Leiters ist zwar konstant, doch kann durch Kombination zweier Leiter und eines nicht leitenden Zwischenmittels ein System von hoher Kapazität erhalten werden, das man als *Kondensator* bezeichnet. Es sei an den einfachen Fall erinnert, wo eine isoliert aufgestellte Metallplatte mit einer Elektrizitätsmenge auf eine bestimmte Ladung und Spannung gebracht wird. Ihr steht eine durch Luft getrennte Metallplatte gegenüber, die zur Erde abgeleitet, also geerdet ist. Sobald wir der geladenen Platte die geerdete nähern, sinkt die Spannung in ersterer ab, ohne daß sich die Elektrizitätsmenge geändert hätte. Wir müssen zur Erreichung der ursprünglichen Spannung neuerlich Elektrizität der Platte zuführen. Die Annäherung der geerdeten Platte hat also die Kapazität der Platte vergrößert. Herrscht wieder die ursprüngliche Spannung und bringt man zwischen die beiden Platten eine Glasplatte, so findet abermals ein Spannungsabfall statt, die Kapazität wächst also wieder, ohne daß an der Elektrizitätsmenge etwas geändert worden ist. Auch das verwendete *Zwischenmittel,* das sogenannte „*Dielektrikum*", ist hier neben der Entfernung beider Platten auf die Kapazität von bestimmendem Einfluß. Jedem Dielektrikum kommt eine besondere *Dielektrizitätskonstante* K zu, deren Werte auf $k = 1$ als Dielektrizitätskonstante des absoluten Vakuums bezogen werden.

Bisher wurden die Maßeinheiten für ruhende, sozusagen im Gleichgewicht befindliche Elektrizität nach den Dimensionen Gramm und Zentimeter behandelt. Um die *strömende Elektrizität* maßtechnisch zu erfassen, muß als dritte Dimension die *Zeit* eingeführt werden.

Wenn im ersten Beispiel der beiden verschieden geladenen Kugeln zwischen ihnen durch einen Draht eine leitende Verbindung hergestellt wird, fließt durch diesen Verbindungsdraht ein Strom dann, wenn Vorsorge getroffen wird, daß durch Zufuhr von Elektrizität die Spannung stets auf gleicher Höhe erhalten wird. Die Stromrichtung ist vom Orte des höheren (+-Poles) zum Orte des niedrigeren (—-Poles) Potentials, während die Wanderung der Elektronen im Leiter im entgegengesetzten Sinne erfolgt (Elektronenstrom). Die Stärke des fließenden elektrischen Stromes (J) ist durch das Verhältnis zwischen der in einem kleinsten Bruchteil der Zeit durch den Leiterquerschnitt tretenden Elektrizitätsmenge (dQ) zu der dazu erforderlichen Zeit (dt) gegeben. Bestimmt man die Elektrizitätsmenge in Coulomb, die Zeit in Sekunden, so erhält man die Stromstärke in der Einheit „Ampere“.

$$J = \frac{dQ}{dt} \text{ Ampere.}$$

Bleibt trotz des Stromflusses die Spannung konstant, dann beträgt die Stromstärke J 1 A, wenn in jeder Sekunde die Elektrizitätsmenge 1 Coulomb durch den Querschnitt des Leiters fließt. Ein solcher Strom wird als *stationär* bezeichnet. Da er seine Stromrichtung nicht ändert, nennt man ihn auch Gleichstrom. Die Messung der elektrischen Ströme erfolgt nun nach ihren Wirkungen. Jeder stromdurchflossene Leiter erwärmt sich. Die Bestimmung der entstandenen Wärme kann als Strommaß benutzt werden. Weiter kann aus der *magnetischen Wirkung* der Ströme auf ihre Stärke geschlossen werden und endlich kann die Meßgrundlage die *chemische Wirkung* elektrischer Ströme bilden. Letztere stellt die genaueste Meßmethode in der Form des *Silbervoltameters* von JÄGER (*15*) vor.

Jeder feste oder flüssige Stromleiter setzt dem Durchzug des elektrischen Stromes ein Hindernis entgegen. Wir sagen, der stromdurchflossene Körper hat einen *Widerstand*. Die festen Körper zeigen unterschiedliche Widerstände, die von ihrem Querschnitt und dem Stoff, aus dem sie bestehen, in erster Linie abhängig sind. Außerdem zeigt sich noch eine mehr oder weniger ausgesprochene Beeinflussung des Widerstandes durch die Temperatur. Wir kennen schon die Abhängigkeit der Stromstärke von der Spannung der Elektrizität in einem Leiter, die nach OHM bei demselben Leiter stets proportional ist. Sobald man die beiden Pole einer Elektrizitätsquelle durch einen Draht verbindet, ist die Zahl der durchfließenden Stromintensitätseinheiten immer ein bestimmter Bruchteil der Spannungseinheiten, unbeeinflußt von einer Änderung der Spannung der Elektrizitätsquelle. Die Spannungseinheiten geben die Zahl der Volt, jene der Stromstärkeneinheiten die Ampere. Daher muß $\frac{\text{Volt (V)}}{\text{Ampere (A)}} = \text{W}$ (Widerstand) sein, der für einen und denselben Leiter konstant ist.

Weiter ist $V = A \cdot W$ und $A = \frac{V}{W}$.

Diese Gleichungen beinhalten das OHMsche Gesetz.

Die *Widerstandseinheit* bezeichnet man als *Ohm* (Ω).

$$1\,\Omega = \frac{1\,V}{1\,A}.$$

Das technische *Widerstandsnormale* bildet eine Quecksilbersäule von 1 qmm Querschnitt und 1,063 m Länge bei 0° C. Sie hat gerade den Widerstand von einem Ohm.

Allgemein zeigt das OHMsche Gesetz, daß bei konstanter Spannung das Anwachsen des Widerstandes im Leiter eine Herabsetzung der Stromstärke und eine Verminderung des Widerstandes eine Zunahme derselben zur Folge hat.

Weiter nimmt der Widerstand eines kalibrierten Leitungsdrahtes proportional seiner Länge zu, so daß eine Verdopplung der Länge auch eine Verdopplung des Widerstandes usw. hervorruft. Der Widerstand nimmt bei gleichbleibender Länge und *zunehmendem* Querschnitt ebenso proportional *ab*. Der Gesamtwiderstand eines Drahtes hängt von seinem „*spezifischen Widerstand*" ab, der von der stofflichen Natur des Drahtes bestimmt und jedem Material eigen ist. Der spezifische Widerstand jedes Metalls ist der wirkliche Widerstand eines daraus hergestellten Drahtes von 1 m Länge und 1 qmm Querschnitt bei 18° C. Er wird mit ϱ bezeichnet.

Tab. 11 gibt eine Zusammenstellung der spezifischen Widerstände der wichtigsten Widerstandsmaterialien samt dem Temperaturkoeffizienten α, der auf das Intervall von 1° C bezogen ist.

Tabelle 11.

	ϱ	α		ϱ	α
Aluminium	0,0317	+ 0,0039	Kupfer	0,0175	+ 0,0037
Blei	0,207	+ 0,0041	Nickel	0,15	+ 0,0037
Eisen (fast rein)	0,12	+ 0,0045	Quecksilber	0,941	+ 0,00091
Stahl	0,20	+ 0,0052	Silber	0,0163	+ 0,0034
Gold	0,024	+ 0,0038	Wismut	1,19	+ 0,0037
Retortenkohle	52,630	von — 0,0003 bis — 0,0008	Zink	0,0625	+ 0,0042
Glühlampenfaden ca.	50,00		Zinn	0,113	+ 0,00365
Bogenlampenkohle	37—67		Platin	0,108	+ 0,0024

Die Zusammenstellung zeigt noch aus dem Temperaturkoeffizienten, daß im allgemeinen eine Erhöhung der Temperatur zu einer Widerstandszunahme führt, ausgenommen bei den Kohlen, wo mit steigender Temperatur der Widerstand abnimmt. Solches zeigen besonders Karborundstäbe.

Von Wichtigkeit ist besonders die Kenntnis des spezifischen Widerstandes jener Metallegierungen, die zur Herstellung der verschiedenen

Widerstandseinrichtungen Verwendung finden, zumal der Experimentator oft in die Lage kommt, sich Widerstände für einen bestimmten Zweck mit einem wenigstens annähernden Widerstandswert herzustellen. Die wichtigsten Materialien dieser Art mit ihren Werten für ϱ sind:

Tabelle 12.

	Gewichtsprozent	ϱ	α
Nickelin	54 Cu, 26 Ni, 21 Zn	0,410	+ 0,0002
Neusilber	60 Cu, 25 Zn, 15 Ni	0,340	+ 0,00037
Konstantan	58 Cu, 41 Ni, 1 Mn	0,500	— 0,00003
Manganin	84 Cu, 4 Ni, 12 Mn	0,430	+ 0,00002
Mangankupfer	70 Cu, 30 Mn	1,006	+ 0,00004

Die Berechnung des Widerstandes erfolgt nach der Gleichung:

$$W = \varrho \cdot \frac{l}{q} \text{ Ohm},$$

worin ϱ den jeweiligen spezifischen Widerstand, l die Länge in Metern und q den Querschnitt in Quadratmillimetern bedeutet. Durch Umformung der Gleichung kann für einen bestimmten Widerstand und einen vorhandenen Draht mit bekanntem ϱ die erforderliche Länge desselben berechnet werden, ein Fall, der häufig vorkommt.

In der praktischen Meßtechnik verfügt man über konstante und leicht reproduzierbare *Normalien* für die *Stromstärke* und *Spannung* oder *elektromotorische Kraft.*

So können wir, wie schon angedeutet, mit dem *Voltameter* von Jäger die *Stromstärke* durch die Arbeit des Stromes bei der Elektrolyse von *Silbernitrat* bestimmen. Dieser Meßapparat besteht im wesentlichen aus einer Pt-Schale zur Aufnahme der $AgNO_3$-Lösung und einem Silberstab, der als Anode (+) geschaltet wird, während die Schale an dem negativen Pol als Kathode angeschlossen wird. Allgemein wird als Norm angenommen, daß *eine* Amperesekunde 1,118 mg Silber in der Schale abscheidet.

2. Spannungs- und Stromquellen.

Als *Spannungsnormale* gilt wegen seiner großen Konstanz, leichten Reproduzierbarkeit und geringen Temperaturempfindlichkeit das *Kadmiumelement*, bekannt als „Westonelement". Sein Aufbau entspricht

$$Cd/CdSO_4//Hg_2SO_4/Hg.$$

Nach dem Sättigungsgrad des Kadmiumsulfats unterscheidet man ein bei 4° C gesättigtes Element und ein solches mit überschüssigen $CdSO_4$-Kristallen versehenes, das also bei jeder praktisch vorkommenden Temperatur gesättigt ist. Beide stimmen in ihren Spannungswerten bei 4° C überein. Die Sollspannung beträgt 1,018 *Volt* bei 18° C. Im Gebrauche darf einem *Westonelement* kein oder nur für sehr kurze Zeit Strom in Bruchteilen eines Milliamperes entnommen werden, um keine Änderung der Spannung hervorzurufen, die erst nach Wochen oder Monaten im unbenutzten Zustande sich von selbst wieder aufhebt. Man wird sich daher für den täglichen Gebrauch im Laboratorium billigere Cd-Elemente herstellen, deren Spannungswert gegenüber dem gekauften Normalelement wenig differiert. Übrigens kann man durch den Vergleich mit dem Westonelement diese Differenz feststellen und dann in Rechnung ziehen. Die Herstellung eines Normalelements wird später beschrieben.

Neben dem Westonelement wird auch das *Clarkelement* noch oft gebraucht. Sein Schema ist:

$$Hg/Hg_2SO_4//ZnSO_4/Zn.$$

Die beiden Elektrolyte sind meist durch ein poröses Diaphragma getrennt. Das Clarkelement ist viel temperaturempfindlicher als das Westonelement. Seine elektromotorische Kraft (EMK) beträgt bei 18° C 1,4292 *Volt*. Auch diesem Element dürfen keine nennenswerten Ströme entnommen werden, etwa 0,05 mA.

Diese Normalelemente dienen also zu Spannungs-Vergleichsmessungen, bei denen meßtechnisch der Stromverbrauch infolge der Gegenschaltung der zu bestimmenden EMK praktisch gleich Null ist.

Für *dauernde* Stromentnahme eignen sich als Stromquellen am besten die *Bleiakkumulatoren* und *Stahl-Nickel-Sammler*, deren Prinzip kurz erörtert sei.

Die Wirkung eines Akkumulators beruht im wesentlichen auf einer Umwandlung des auf der Platte entstandenen Bleisulfats durch den hineingeschickten Ladestrom in metallisches Blei und in Bleisuperoxyd, wobei Schwefelsäure gebildet wird. Bei der Stromentnahme, also Entladung, geht der umgekehrte Prozeß vor sich; es wird Bleisulfat unter Wasserabspaltung rückgebildet:

$$Pb + PbO_2 + 2\,H_2SO_4 = 2\,PbSO_4 + 2\,H_2O.$$

Es zeigt daher der entladene Akkumulator eine Verdünnung der Schwefelsäure gegenüber dem geladenen. Das spezifische Gewicht derselben, das im geladenen Akkumulator etwa 1,16 bis 1,25 beträgt, sinkt auf 1,13 bis 1,20 ab. Im Verlaufe des oftmaligen Ladens und besonders weitgehenden Entladens geht H_2SO_4 verloren. In diesem Falle füllt man mit einer 5%igen Schwefelsäure auf. Der frisch geladene Bleisammler hat eine EMK von ca. 2,5 V, die beim Entladen zuerst sehr rasch auf etwa 2 V fällt, um dann bei weiterer schwacher Entladung nur sehr langsam weiter abzunehmen. Wenn die Spannung auf 1,9 V im Zuge der Entladung erniedrigt ist, soll alsbald die Neuladung mit der von der Firma angegebenen Stromstärke erfolgen. Auch hinsichtlich der maximalen Entladeströme halte man sich an die fallweise Vorschrift.

Um lange Zeit konstante schwache und mittelstarke Ströme einem Akkumulator entnehmen zu können, muß er große Platten aufweisen. Für die später zu besprechenden Meßverfahren soll man Bleisammler von mindestens 30 Ah Kapazität verwenden.

Die Ladung der Akkumulatoren muß mit Gleichstrom vorgenommen werden, der entweder einer Gleichstrommaschine (Ladedynamo) oder einem an Wechselstrom hängenden „Trockengleichrichter“ entnommen wird. Der +-Pol des Ladestromes muß mit dem +-Pol des Sammlers, der —-Pol mit dem —-Pol verbunden werden. Stets ist in Serie ein Amperemeter und ein sogenannter Regulierwiderstand zu schalten, um die Ladestromstärke auf den vorgeschriebenen Wert regeln zu können. Die Spannung des Gleichstromes muß jedenfalls größer sein als die Höchstspannung des Akkumulators. Die Ladung ist so lange fortzusetzen, bis aus der Akkumulatorenflüssigkeit Gasbläschen reichlich aufsteigen. Gegen das Ende der Ladung zu soll die Ladestromstärke vermindert werden. Unmittelbar nach der Ladung weist die Klemmenspannung des Akkumulators einen Wert von 2,3 bis 2,4 V auf. Sie sinkt dann auf etwa 2,1 V alsbald ab, um bei Nichtentladung diesen Wert längere Zeit zu behalten.

Im Gebrauch und in der Behandlung unempfindlicher ist der *Stahl-Nickel-Sammler*, wie er als „Nife-Akkumulator“ fabrikmäßig hergestellt wird. Er besteht aus Stahl- und Nickelplatten mit einer starken Lösung von KOH als Elektrolyt. In der entladenen Zelle bildet Nickelhydroxyd die positive, Eisenhydroxyd die negative Elektrode. Während der Ladung wird das Nickelhydroxyd weiter oxydiert und das Eisenhydroxyd zu Eisen reduziert. Dabei findet keine chemische Veränderung des Elektrolyten statt. Die Elektroden gehen mit ihm auch keine chemischen Verbindungen ein, so daß er lange Zeit erhalten bleibt und erst nach einem Jahre durch die von der Luft eindringende Kohlensäure so weit mit Kaliumkarbonat angereichert wird, daß eine Reinigung und Neufüllung mit frischer Kalilauge notwendig wird. Da der Akkumulator während der Ladung durch Zerlegung des Elektrolytwassers ($H_2O \rightarrow H_2 + O$) gast, müssen die Verschlußstöpsel dabei geöffnet sein. Bei der Entladung verläuft der Prozeß umgekehrt, indem die Nickelelektrode reduziert und das Eisen oxydiert wird, wobei aber kein Gasen auftritt. Die Zellen sollen während der Entladung und beim Stehen dieser Sammler vollkommen verschlossen sein, um die Kalilauge vor dem Eindringen von CO_2 zu schützen.

Die Zellen der *Svenska Ackumulator Aktiebolaget Jungner* in Stockholm werden in zwei verschiedenen Ausführungen angefertigt. Type mit *normalem* inneren Widerstand und solche mit besonders kleinem inneren Widerstand. Erstere sind für Meßzwecke besonders geeignet, da sie bei den kleinen erforderlichen Belastungen in den mittleren Entladezeiten eine fast horizontale Entladungskurve zeigen, also eine lange Zeit hindurch konstante Spannung aufweisen (Type Si 1 — Si 2 der „Nife“ Stahlakkumulatoren-Gesellschaft in Wien). Für unsere Messungen sind sie sehr brauchbar, da sie praktisch keine Selbstentladung besitzen, bei der Entnahme der sehr geringen Strommengen bei den Messungen ihre Spannung durch Monate beibehalten, durch unbenutztes Stehen und selbst durch Kurzschlüsse nicht leiden und rasch wiedergeladen sind. Die Entladungsspannung pro Zelle beträgt 1,2 V. Hinsichtlich der Wartung und Ladestromstärke halte man sich genau an die beigegebene Vorschrift.

Alle Elemente, auch die Sammler, haben einen *inneren* Widerstand, dessen Größe von der Natur und Konzentration des Elektrolyten, dem

Elektroden- oder Plattenabstand und der Elektrodengröße abhängt. Beim Stromfluß in einem Element über einen äußeren Widerstand kommt der innere Widerstand immer zum Ausdruck. Im OHMschen Gesetz erscheint derselbe als w zum Unterschied vom äußeren Widerstand der Leitung W. Es lautet dann

$$J = \frac{E}{W + w}.$$

Um das w möglichst klein zu gestalten, müssen die Elektroden oder Platten eines Elements möglichst groß bemessen sein und sich in kurzer Entfernung befinden. Aber auch durch die sogenannte „*Parallelschaltung*" kleinplattiger Elemente oder Akkumulatoren können wir den inneren *Widerstand heruntersetzen*, ohne die Spannung zu ändern. Das Schema der Abb. 7 verdeutlicht das Prinzip der Parallelschaltung von Elementen und Akkumulatorenzellen; bei letzteren wird dadurch die Kapazität erhöht. Die vier positiven Pole und die vier negativen Pole sind durch einen Draht verbunden. Dadurch wurde die Plattengröße vervierfacht, ohne daß die Spannung sich geändert hat. Wohl aber ist dadurch der innere Widerstand auf ein Viertel gefallen. Man wird zu dieser Parallelschaltung dann greifen, wenn man große Stromstärken bei niederer Spannung erzielen will, wobei aber die Größe des inneren und äußeren Widerstandes zu berücksichtigen sein wird.

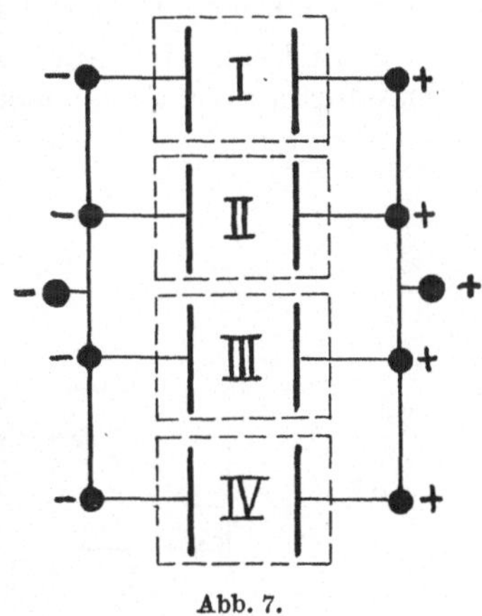

Abb. 7.

Der äußere Widerstand: $W = 995\,\Omega$, der innere Widerstand: $w = 10\,\Omega$, Spannung $E = 2$ V.

$$J = \frac{2}{W + w} = \frac{2}{995 + 10} = \frac{2}{1005} = \frac{1}{502{,}5}\text{ A.}$$

Parallelzuschaltung eines zweiten gleichen Elements ergibt:

$$W = 995, \quad w = \frac{10}{2} = 5, \quad E = 2\text{ V},$$

daher

$$J = \frac{2}{W + w} = \frac{2}{995 + 5} = \frac{2}{1000} = \frac{1}{500}\text{ A.}$$

Bei größerem äußeren Widerstand gegenüber kleinem inneren Widerstand wurde durch die Parallelschaltung in bezug auf Erhöhung der Stromstärke so gut wie nichts gewonnen.

Nun werde unter gleichen Umständen der äußere Widerstand auf $6\,\Omega$ verkleinert. Also ist

$$W = 6, \quad w = 10, \quad E = 2\text{ V},$$

daher

$$J = \frac{2}{W + w} = \frac{2}{16} = \frac{1}{8}\text{ A.}$$

Nunmehr wird ein gleiches Element bei gleichem äußeren Widerstand parallel zugeschaltet. Es ist also

$$W = 6, \quad w = \frac{10}{2} = 5, \quad E = 2\,\text{V},$$

daher

$$J = \frac{2}{W + w} = \frac{2}{6 + 5} = \frac{1}{5{,}5}\,\text{A}.$$

Hier führt die Parallelschaltung zu einer wesentlichen Erhöhung der erhaltenen Stromstärke. Man wird also im allgemeinen bei kleinen äußeren Widerständen gegenüber den inneren zur Erhöhung der Stromstärke mehrere Elemente parallel schalten.

Man kann aber auch zwei oder mehrere Elemente so schalten, daß man fortlaufend den Pluspol eines Elements mit dem Minuspol des zweiten

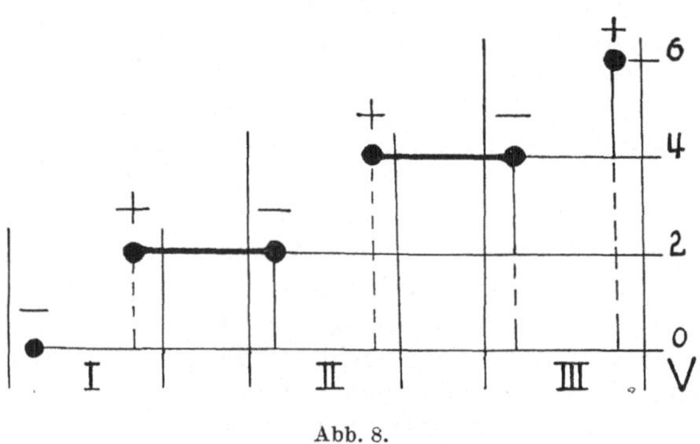

Abb. 8.

usw. verbindet. Diese Verbindungsweise bezeichnet man als „*Schaltung in Serie*“ oder „*Hintereinanderschaltung*“. Aus dem Schema der Abb. 8 geht die Wirkungsweise unmittelbar hervor. Zwischen der negativen und positiven Platte jedes Elements (I, II, III) besteht die Potentialdifferenz 2 V. Wird Element I und II hintereinandergeschaltet, also der +-Pol von 1 mit dem —-Pol von II leitend verbunden, so erhält die negative Platte von II das Potential von 2 V der positiven Platte von I. Da aber die +-Platte von II ein um 2 V höheres Potential als die —-Platte haben muß, ist der Potentialunterschied zwischen —-Platte I und +-Platte II 4 V geworden. Tritt nun in gleicher Schaltung noch Element III hinzu, wird zwischen — I und + III eine Potentialdifferenz von 6 V herrschen usw. *Die Serienschaltung gleicher Elemente vervielfacht also die Spannung des einzelnen Elements.* Wir gebrauchen sie immer dann, wenn wir höhere Spannungen haben müssen, als sie einzelne Elemente zu geben vermögen.

Praktisch wirkt sich die Serienschaltung anders aus als die Parallelschaltung von Elementen. Durch erstere erreicht man bei gleichbleibendem äußeren Widerstand beim Stromschluß einen viel höheren Amperewert, während bei sehr kleinem äußeren Widerstand keine nennenswerte Steigerung der Amperezahl erzielt wird. Nehmen wir wieder an:

$$W = 995\,\Omega, \quad w = 10\,\Omega, \quad E = 2\,\text{V},$$

so ist

$$J = \frac{E}{W + w} = \frac{2}{1005} = \frac{1}{502{,}5}\ \text{A}.$$

Schalten wir nun ein zweites Element mit der gleichen Spannung und dem gleichen inneren Widerstand in Serie hinzu, so verdoppelt sich die Spannung und der innere Widerstand. Daher ist

$$J = \frac{4}{995 + 20} = \frac{4}{1015} = \frac{1}{253{,}8}\ \text{A}.$$

Die Amperezahl hat sich also fast verdoppelt.

Nehmen wir nun einen sehr kleinen äußeren Widerstand von $3\,\Omega$, während der innere Widerstand $10\,\Omega$ und die Spannung 2 V bleibt. Demnach ist

$$J = \frac{2}{3 + 10} = \frac{2}{13} = \frac{1}{6{,}5}\ \text{A}.$$

Die Zuschaltung von einem zweiten gleichen Element ergibt bei gleichem äußeren Widerstand für

$$J = \frac{4}{3 + 20} = \frac{4}{23} = \frac{1}{5{,}8}\ \text{A}.$$

Bei kleinem äußeren Widerstand führt sonach die Serienschaltung zu einer geringen Erhöhung der erhaltenen Stromstärke.

3. Widerstandsschaltung und Spannungsteilung.

Wie man galvanische Elemente und Akkumulatoren zueinander parallel und in Serien schalten kann, ebenso vermag man „Widerstände" parallel und in Serie oder hintereinander zu legen.

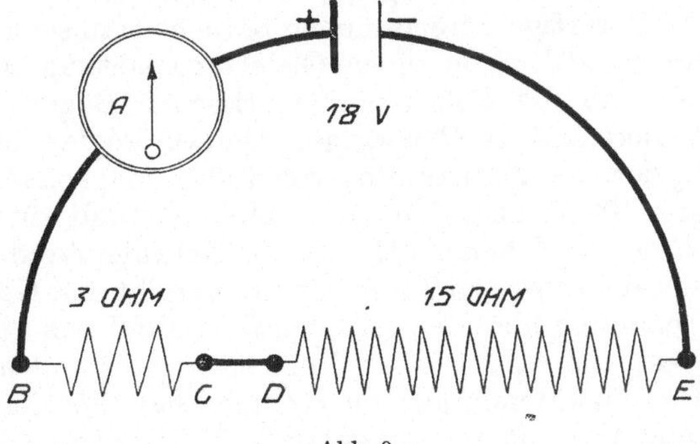

Abb. 9.

Die in den Stromkreis einer Elektrizitätsquelle in *Serie* geschalteten Widerstände ergeben durch *Addition der einzelnen Teilwiderstandswerte* den *gesamten äußeren Widerstand*, wenn man durch Verwendung dickdrahtiger Verbindungsleitungen aus Cu für die Zuschaltung der Widerstände und eines sehr wenig Strom verbrauchenden Amperemeters für die Bestimmung des durchfließenden Stromes den Widerstand dieser Stromleitungsteile so weit herabdrückt, daß er gegen die eingeschalteten Widerstände verschwindend klein wird und demnach vernachlässigt werden kann.

In diesem Sinne verbinden wir die Pole einer beliebigen Stromquelle, z. B. eines galvanischen Elements, in *Serie* durch dicke Kupferdrähte mit einem empfindlichen Amperemeter und durch zwei Widerstände w_1 und w_2 mit den Werten 3 und 15 Ω. Beim *Stromschluß zeigt das Amperemeter 0,1 Ampere an.* Die Schaltung ist in Abb. 9 schematisch wiedergegeben. Dazu ist noch zu bemerken, daß es einerlei ist, an welchen Punkten der Zu- und Verbindungsleitungen das Amperemeter in Serie liegt.

Wir können sofort die Spannung E der Stromquelle in Volt nach dem Ohmschen Gesetzes rechnen: $E = (w_1 + w_2) \cdot 0{,}1$ A, also $(3 + 15) \cdot 0{,}1 = 1{,}8$ V. Das Ohmsche Gesetz gilt aber für die Teilwiderstände mit den Strecken B—C und D—F ebenso wie für den äußeren Gesamtwiderstand, entsprechend dem Ausdruck:

$$\text{V} = \text{Widerstand der Teilstrecke} \times \text{angezeigte Ampere.}$$

Es findet also beim Stromdurchgang ein *Spannungsabfall* in den Teilstrecken entsprechend ihren Widerständen statt, also über die Strecke:

$$\begin{aligned} B\text{—}C &= \ \ 3 \cdot 0{,}1 = 0{,}3\ \text{V} \\ D\text{—}E &= 15 \cdot 0{,}1 = \underline{1{,}5\ \text{V}} \\ &\text{Summe:}\ \ 1{,}8\ \text{V.} \end{aligned}$$

Der Gesamtspannungsabfall über beide in Serie liegenden Widerstände w_1 und w_2 beträgt 1,8 V, wovon $^1/_6$ auf w_1 und $^5/_6$ auf w_2 kommen; w_1 ist $^1/_6$ und w_2 sind $^5/_6$ des Gesamtwiderstandes. Mit anderen Worten, wenn ich 0,3 V auf einem Teilwiderstand abfallen lassen will, muß ich bei einer Spannung von 1,8 V und einem äußeren Gesamtwiderstand von 18 Ω mit diesem Teilstück einen „Vorwiderstand" oder „Vorschaltwiderstand" vom Wert $^5/_6$ des Gesamtwiderstandes in Serie schalten, weil 0,3 V = $^1/_6$ der Gesamtspannung des Elements ist.

Derartige Berechnungen braucht man sehr häufig, weshalb ein Beispiel folgen soll. Von einer Gleichstromleitung mit 150 V Spannung sollen 50 V an die Pole einer elektrischen Bogenlampe gelegt werden, deren Widerstand 10 Ω betrage. Die verlangten 50 V für die Lampe stellen $^1/_3$ der Gesamtspannung von 150 V vor; sonach müssen $^2/_3$ der Spannung, also 100 V, über den Vorschaltwiderstand abfallen. Die Lampe hat einen Widerstand von 10 Ω. Dieser Teilwiderstand mehr dem Vorschaltwiderstand als zweiten Teilwiderstand ergibt den Gesamtwiderstand. Da $^1/_3$ der Spannung über den Lampenwiderstand von 10 Ω abzufallen hat, muß der Rest von $^2/_3$ über den Vorschaltwiderstand abfallen, der sonach $^2/_3$ des Gesamtwiderstandes zu betragen hat. $^1/_3$ sind 10 Ω, daher $^2/_3$ 20 Ω. Ich muß also mit der Bogenlampe in Serie einen Widerstand von 20 Ω legen.

Die *Parallelschaltung von Widerständen* führt zu anderen Ergebnissen. Schließen wir an eine Stromquelle von 150 V wieder den Widerstand w_1 von 10 Ω und in Serie ein Amperemeter, so zeigt es einen Stromdurchgang von 150/10 = 15 A an.

Wenn wir zu w_1 einen zweiten Widerstand w_1' von ebenfalls 10 Ω *parallel* schalten, also die Enden der Widerstände miteinander leitend verbinden, wie es Abb. 10 zeigt, so wird jetzt das Amperemeter 30 A anzeigen. Der Gesamtwiderstand (W) wurde wesentlich verkleinert, in diesem Falle auf die Hälfte. Für die Widerstandsstrecke A—B stehen dem Strom jetzt zwei Wege gleichzeitig offen, über w_1 und w_1'. Da ihm beide den gleichen Widerstand entgegensetzen, wird der wahre Widerstand der parallel gekoppelten Widerstände nur die halbe Ohmzahl betragen. Da wir zwei Drähte von gleichem Querschnitt nebeneinander verwenden, liegt der Fall so, als ob wir einen Draht vom doppelten Querschnitt als Widerstand hätten. Nun wissen wir, daß der Widerstand eines Drahtes seinem Querschnitt umgekehrt proportional ist. Allgemein gesagt, führt die Parallelschaltung von gleichen Teilwiderständen zu einer so vielfachen Verminderung des Gesamtwiderstandes, als gleiche Teilstücke Verwendung finden. Daher wird weiter die Stromstärke entsprechend der Anzahl der parallel geschalteten Teilstücke vervielfacht. Im obigen Beispiel der Parallelschaltung von Teilwiderständen von je 10 Ω bei 150 V Spannung ergibt sich sonach

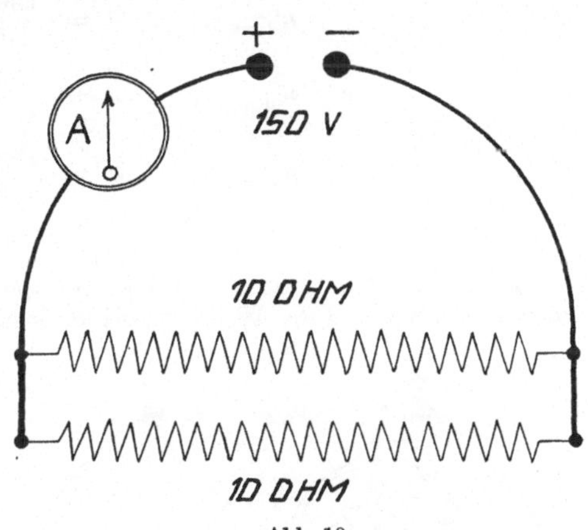

Abb. 10.

$$1 \text{ Teilstück} = 10\,\Omega = 15 \text{ A},$$

$$2 \text{ Teilstücke} = \frac{10}{2}\,\Omega = 30 \text{ A}, \qquad 3 \text{ Teilstücke} = \frac{10}{3}\,\Omega = 45 \text{ A},$$

$$4 \text{ Teilstücke} = \frac{10}{4}\,\Omega = 60 \text{ A}, \qquad 5 \text{ Teilstücke} = \frac{10}{5}\,\Omega = 75 \text{ A}.$$

Vergleicht man den Effekt von Serien- und Parallelschaltung von Widerständen an der Hand des letzten Beispieles, so ergibt sich für die Stromstärke J folgendes:

$$\text{Serienschaltung:} \quad J = \frac{150}{5\cdot 10} = 3 \text{ A},$$

$$\text{Parallelschaltung:} \quad J = \frac{150}{\frac{10}{5}} = 75 \text{ A}.$$

Da auch hier für die einzelnen Teilwiderstände das Ohmsche Gesetz gilt, wird durch jedes Teilstück $^1/_5$ des Stromes geflossen sein, also 15 A. Zum gleichen Ergebnis führt die Überlegung, daß zwischen den Enden jedes Teilwiderstandes das Potential der Stromquelle, also hier 150 V, besteht, so daß überall $\frac{150}{10} = 15$ A fließen müssen. Die Summe der Ströme aller fünf Teilstücke ist somit wieder 75 A.

Wenn wir zur Parallelschaltung ***nicht*** gleiche Teilwiderstände verwenden, sondern in ihrem Widerstand verschiedene, so wird die Intensität des fließenden Gesamtstromes der Summe der den einzelnen Widerständen zugeordneten Teilstromstärken entsprechen. Es sei $w_1 = 10\,\Omega$, $w_2 = 100\,\Omega$ und $w_3 = 1000\,\Omega$. Dann fließt bei der Spannung der Elektrizitätsquelle von 150 V durch

$$w_1 \text{\_\_\_\_\_\_} J = \frac{150}{10} = 15{,}00\ \text{A},$$

$$w_2 \text{\_\_\_\_\_\_} J = \frac{150}{100} = 1{,}50\ \text{A},$$

$$w_3 \text{\_\_\_\_\_\_} J = \frac{150}{1000} = 0{,}15\ \text{A},$$

Summe: 16,65 A.

Eine einfache Form der *Spannungsteilung* haben wir schon bei der Serienschaltung von Widerständen kennengelernt, wo also über einen Teilwiderstand eine Teilspannung gesetzmäßig abfällt, eingeschlossen im Gesamtpotentialgefälle zwischen dem +- und dem —-Pol der Stromquelle. Den Potentialsprung zwischen den Enden des Teilwiderstandes kann man mit Hilfe eines Spannungsmessers abgreifen, den man als „Voltmeter" bezeichnet. Dabei nehmen wir an, daß das verwendete Voltmeter zum Betriebe nur minimale Strommengen braucht, deren Größe wir vernachlässigen können. Verbinden wir eine Stromquelle, z. B. eine Akkumulatorenzelle mit der Klemmenspannung von 2 V unmittelbar durch einen überall gleich dicken Widerstandsdraht, wie es schematisch in der Abb. 11 durch den Kreis angedeutet ist, so fällt von + zu — die Spannung von 2 V über diesen Draht ab. Da die Enden des Widerstandsdrahtes in den Elementklemmen A und B sitzen, wird das an die Polklemmen gelegte Voltmeter (V) die volle Spannung von 2 V anzeigen. Verschiebe ich nun den Anschlußpunkt des Voltmeters von B nach den Punkt D, der genau der Verbindungsdrahtmitte entspricht, so erhalte ich einen Ausschlag von 1 V, also die über die halbe Widerstandsstrecke AD abfallende Spannung. Schließe ich das bewegliche Voltmeterkabel an E an, dem Halbierungspunkt der Strecke AD oder Viertelpunkt der ganzen Strecke, erhalte ich 0,5 V angezeigt. Ich kann

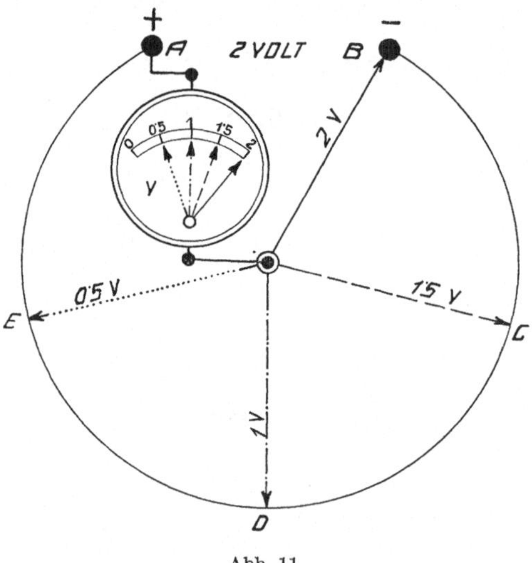

Abb. 11.

die Strecke in beliebig viele gleiche Teile zerlegen und bekomme ebenso viele gleiche Teilspannungen. Dadurch wird der Widerstandsdraht zum „*Meßdraht*", den ich natürlich auch auf einer isolierten Unterlage gerade gestreckt spannen und mit einer Längeneinteilung versehen kann. Verwende ich einen Meßdraht von 1000 mm mit einer Millimeterskala und versehe ihn mit einem verschiebbaren Schneidenkontakt zur Verbindung mit der einen Voltmeterklemme, während die andere mit einer Einklemmvorrichtung des Meßdrahtes verbunden ist, und schließe praktisch widerstandslos durch einen dicken Kupferzuleitungsdraht die Akkumulatorenzelle von 2 V an, so wird wieder durch Einstellen des Schiebekontaktes auf den Teilstrich 500 (halbe Strecke) des Meßdrahtes 1 V angezeigt.

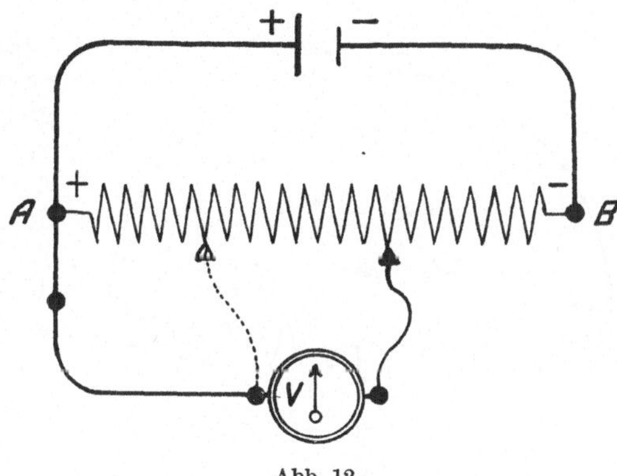

Abb. 12.

Über 1 mm des Meßdrahtes fällt somit eine Spannung von $\frac{2}{1000} = 0{,}002$ V oder *2 Millivolt* ab. Jeder Millimeter des Meßdrahtes entspricht also 2 mV. Ist der Draht doppelt so lang, so entspricht jeder Millimeter dem halben Wert, also einem Millivolt.

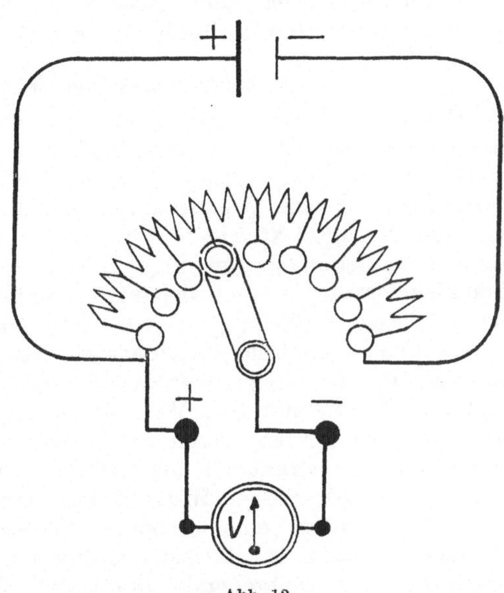

Abb. 13.

Ich kann beliebig lange Widerstandsdrähte auf Rollen wickeln und durch einen Gleitkontakt dann die verschiedensten Spannungen innerhalb der Spannung der Stromquelle abgreifen und die so erhaltene Teilspannung mit dem Voltmeter feststellen. In diesen Fällen spricht man von einer *Potentiometerschaltung* und bezeichnet derartige Widerstandsapparate als *Potentiometer*. Abb. 12 zeigt das Schema eines Potentiometers mit der Gesamtwiderstandsstrecke AB und dem Schleifkontakt. Mit Hilfe von zwei Schleifkontakten kann man das Potentialgefälle jedes beliebigen Teiles des Widerstandes abgreifen. Analog kann man statt des oder der

Schleifkontakte auch Kurbelabnehmer anbringen, die über Kontaktknöpfe geführt werden, welche mit den Teilwiderständen dauernd leitend verbunden sind. Abb. 13 zeigt schematisch einen solchen Kurbelwiderstand.

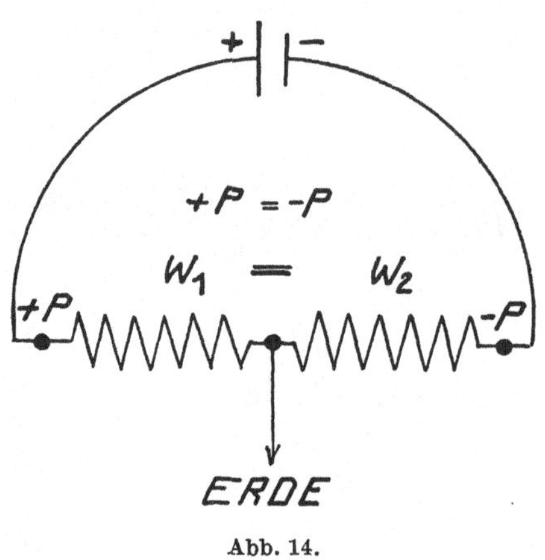

Abb. 14.

Eine genaue Spannungshalbierung erreicht man dann, wenn man eine Stromquelle über zwei genau gleich große, in Serie geschaltete Widerstände schließt, wie es in Abb. 14 skizziert ist. Leitet man nun die Verbindungsstelle beider Widerstände zur Erde ab, so zeigen die an die Stromquelle angeschlossenen anderen Enden der Widerstände ein gleich großes, aber entgegengesetztes Potential. Davon wird bei der Ladung von Quadrantenelektrometern Gebrauch gemacht, wenn mit diesen Spannungsmeßinstrumenten in „Nadelschaltung" gearbeitet wird.

In ausführlicher und zusammenfassender Darstellung behandelt Krönert (*124*) die Meßbrücken und ihre Schaltungen.

4. Allgemeines über Meßinstrumente.

Bei den elektrometrischen Bestimmungen der H-Ionenkonzentration handelt es sich um die Feststellung oder Messung von Potentialgefällen zweier Elektroden, also im grundsätzlichen um *Potentialmessungen*. Verbinden wir eine Wasserstoffelektrode oder eine Chinhydronelektrode mit der Bezugselektrode durch einen äußeren Drahtkreis, so fließt in diesem Schließungsbogen ein Strom, dessen Intensität aber außerordentlich klein ist und der auch alsbald in seiner Stärke abfallen würde. Würden wir in diesen Schließungskreis in Serie ein Amperemeter bzw. ein Milliamperemeter schalten, bekämen wir kaum einen ablesbaren Ausschlag des Zeigers, geschweige denn die Einstellung eines der Messung zugrunde legbaren Einstellpunktes. Wir müssen demnach eine Auswahl von Meßinstrumenten treffen, deren Stromverbrauch möglichst gering ist oder die überhaupt praktisch bei der Messung stromlos sind. Außerdem müssen wir bei diesen Instrumenten eine große Empfindlichkeit und unter Umständen eine besondere Meßgenauigkeit fordern. Übrigens ist das Arbeiten mit höchst empfindlichen Meßgeräten schwierig und erfordert eine weitgehende praktische Erfahrung und Kenntnis der Baugrundlagen eines solchen Instruments.

Prinzipiell sind die *elektrostatischen Meßinstrumente* von den *elektrodynamischen* zu unterscheiden. Erstere dienen vornehmlich zur Bestimmung von Potentialen und arbeiten *ohne* Stromverbrauch. Die *elektrodynamischen* Meßgeräte gebraucht man zur Bestimmung von elektrischen Strömen, wobei die Messung während des Stromdurchganges vorgenommen wird. In beiden Fällen wird in der Regel die durch die Elektrizität hervorgebrachte Bewegung eines leicht beweglichen Meßsystems beobachtet, also der Ausschlag desselben gemessen, wobei entweder ein besonderer Zeiger über einer Skalenteilung spielt oder ein mit dem beweglichen System verbundenes Spiegelchen einen aufprojizierten Lichtzeiger über eine beliebig weit entfernte Teilung spielen läßt oder endlich die im Spiegel erscheinenden Skalenteile mit einem Fernrohr mit Fadenkreuz anvisiert werden.

Es sollen nun jene Instrumente und Meßeinrichtungen beider Gruppen kurz erläutert werden, die für die p_H-Messung besonders im Gebrauch sind, wobei alle anderen Instrumente, die unter Umständen für diesen Zweck geeignet sein können, hier unberücksichtigt bleiben. Sehr gute Zusammenstellungen über Meßinstrumente und Meßtechnik in ausführlicher Form geben die Werke von JÄGER (*15*), WERNER (*17*) und KEINATH (*18*), auf die besonders verwiesen sei.

5. Elektrostatische Instrumente.

Die Grundlage für alle elektrostatischen Instrumente bilden die Gesetze der elektrostatischen Anziehung oder Abstoßung zweier Körper, aus der auf die elektrische Spannung oder die Elektrizitätsmengen geschlossen wird.

Hier sind zu nennen die Gold- und Aluminium-*Blattelektrometer*, *Quadrantenelektrometer* und *Binanten*.

Die durch elektrische Ladungen verursachten Veränderungen der *Kapillarspannung* bilden die Meßgrundlage bei den „*Kapillarelektrometern*", weshalb man sie zur Reihe der statischen Apparate zählen darf. Hierher gehört auch die Messung der *Schlagweite* der zwischen zwei geladenen Körpern einsetzenden Funken und die Verwendung von piezoelektrischen Eigenschaften von Kristallen zu Meßzwecken. Den elektrostatischen Apparaten sind auch die Kondensatoren zuzuzählen, wenn sie in Verbindung mit Elektrometern zur Bestimmung von statischen Elektrizitätsmengen Verwendung finden.

Bei allen elektrostatischen Apparaten ist der *Isolation* die größte Aufmerksamkeit zuzuwenden, weshalb alle geladenen Teile mit *Bernstein* isoliert sein sollen. Ebonit erweist sich dann als gut brauchbar, wenn er glatt poliert verwendet und nicht durch längere Zeit dem Lichte und der Laboratoriumsluft ausgesetzt wird. Licht und Luft bewirken eine oberflächliche Oxydation des Ebonits, die zur Bildung einer leitenden Oberflächenschicht führt. Elektrostatische Meßinstrumente müssen zur Abhaltung von Fernstörungen durch andere geladenen Körper durch eine metallische Umhüllung in Form von Drahtnetzen, Stanniolhüllen u. dgl. im Gebrauch abgeschirmt werden. Die Umhüllungen müssen gut geerdet werden, was man durch metallische Verbindung mit der Wasserleitung erreicht. Im allgemeinen ist es trotz allen Vorsichtsmaßregeln sehr schwierig, mit den elektrostatischen Meßgeräten eine sehr große Genauigkeit zu erreichen.

Zum Arbeiten mit der später zu beschreibenden *Glaselektrode* eignen sich nur Meßeinrichtungen ohne Meßstrom, mit denen nur Ladungsänderungen bestimmt werden. Ein solches sehr empfindliches Instrument ist das von W. THOMSON erfundene und heute in zahlreichen Ausführungen erhältliche *Quadrantenelektrometer,* welches gestattet, noch Potentialunterschiede von weniger als einem Millivolt zu bestimmen. Im wesentlichen besteht es aus einer isoliert in vier Quadranten zerlegten, flachen Metallbüchse, die wieder gut isoliert am Deckel oder Boden des Instruments fest angebracht ist. Abb. 15 zeigt im Schema die Anordnung der Quadranten I, II, III und IV, in deren Hohlraum die sogenannte Nadel (*N*) auf einem Kokonfaden frei im Hohlraum schwebend aufgehängt ist. Die Nadel hat Bisquitform und ist aus dünnem Aluminiumblech hergestellt. Durch die Mitte geht senkrecht zum Blech ein leichtes Metallstäbchen, an dem oben der Aufhängefaden angebracht ist. Besser ist die bifilare Aufhängung mittels zweier Kokonfäden, da dabei die Ablenkung einen geringeren Widerstand findet und die stabile Gleichgewichtslage rascher erreicht wird. Dadurch erhält man unter sonst gleichen Verhältnissen auch eine größere Empfindlichkeit. Das Aufhängestäbchen trägt noch ein leichtes Spiegelchen, das einen Lichtzeiger auf eine Skala wirft oder mit einem Fernrohr mit Fadenkreuz anvisiert wird, wodurch die durch die Drehung des Nadelsystems verursachten Verschiebungen des Lichtzeigers oder der gespiegelten Skala beobachtet werden können. Das Nadelstäbchen setzt sich nach unten in eine aus Platin hergestellte Verlängerung fort, die in den auf der Grundplatte angebrachten Behälter mit konzentrierter Schwefelsäure taucht. Die Schwefelsäure hat drei Aufgaben zu erfüllen. Sie erhält den Innenraum des Instruments dauernd trocken, wodurch die notwendige Isolierung gewährleistet wird. Dann dämpft sie die Drehungen der Nadel durch ihre große Reibung am Ende derselben und endlich vermittelt sie die elektrische Leitung zur Nadel über einen zweiten eintauchenden Platindraht, dessen Verlängerung isoliert zu einer Klemmschraube auf dem Deckel des Instruments geführt ist. Dadurch kann der Nadel von außen ein bekanntes Potential zugeführt werden, das lange Zeit hindurch in gleicher Größe bestehen, also konstant bleibt. Für die p_H-Messungen mit der Glaselektrode sind nur Instrumente mit *kleiner* Kapazität brauchbar, damit die Aufladung sozusagen momentan erfolgt. Wird nun das eine Quadrantenpaar geerdet und dem zweiten das zu messende Potential aufgedrückt, wird die bekannt und konstant aufgeladene Nadel um die Aufhängung gedreht. Aus der Größe der Ablenkung bestimmt man den Potentialunterschied und berechnet nach einer Formel das gesuchte

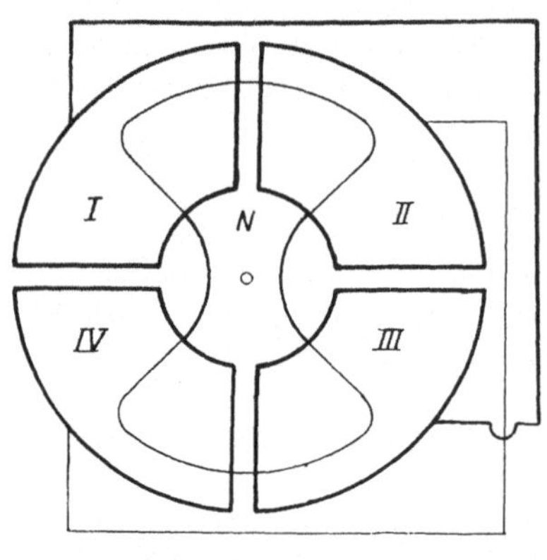

Abb. 15.

Potential. Bei der p_H-Bestimmung benutzt man das Elektrometer als Nullinstrument und ladet mit einer konstanten Batterie das eine Quadrantenpaar auf ein konstantes Potential auf, während man die unbekannte Spannung an die Nadel legt und durch Kompensation mit einem Potentiometer den Nadelausschlag zum Verschwinden bringt. Am Potentiometer kann dann der Spannungsunterschied an der Membran der Glaselektrode unmittelbar abgelesen und der p_H-Berechnung zugrunde gelegt werden. Das LINDEMANN-Elektrometer wird als besonders geeignet empfohlen.

Für die p_H-Messungen werden die *Kapillarelektrometer* sehr viel benutzt, die aber von der ursprünglichen Form nach LIPPMANN (*19*) konstruktiv abweichen. Man rechnet sie, wie schon angedeutet, zu den elektrostatischen Meßinstrumenten, weil ihre Wirkungsweise auf einer Ladungsänderung an der Grenzfläche Hg—H_2SO_4 beruht, sobald kleinste Ströme hindurchtreten. Sie arbeiten also *nicht* stromlos. Diese Potentialänderung an der Berührungsstelle führt zu einer Änderung der dort herrschenden Oberflächenspannung, was eine Bewegung der Quecksilberkuppe zur Folge hat. Die zugeführte Elektrizitätsmenge bewirkt eine Veränderung der Merkuroionenzahl an der Grenze Hg—H_2SO_4. Schematisch zeigt Abb. 16 die Einrichtung des Kapillarelektrometers. Wir sehen eine große Berührungsfläche H_2SO_4—Hg in der Kugel und eine dagegen verschwindend kleine in der Kapillare. Wenn zwischen beiden Berührungsflächen eine Potentialdifferenz bewirkt wird, so verhält sich die Konzentrationsänderung der $Hg^{\cdot\cdot}$ an den beiden Elektroden umgekehrt zur Größe ihrer Oberflächen. Daher ändert sich die Konzentration nur an der kleinen Berührungsfläche wesentlich. Dadurch wird die infolge der Oberflächenspannung in einer Gleichgewichtslage befindliche ruhende Quecksilbersäule in der Kapillare eine Bewegung ausführen, die innerhalb kleiner Potentialunterschiede dem eingeschalteten Potential proportional ist. Für die p_H-Messung benutzt man das Elektrometer nur als *Nullinstrument*, also als Anzeiger völliger Stromlosigkeit, so daß auf eine Proportionalität zwischen Bewegung und Spannungsunterschied keine Rücksicht zu nehmen ist.

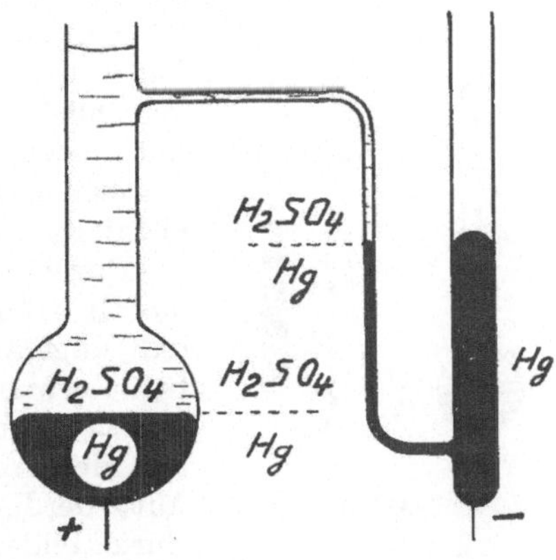

Abb. 16.

Früher gebrauchte man meist offene Kapillarelektrometer, die aber immer mehr von der geschlossenen Form verdrängt werden; im Gebrauch sehr angenehm ist das *geschlossene Kapillarelektrometer* nach LUTHER (*20*), wie es Abb. 17 wiedergibt und in einigen Varianten im Handel fertig erhältlich ist. Man kann sich die Glasgefäße mit eingeschmolzenen Platinkontakten oben beidseitig offen herstellen lassen und die Füllung selbst vornehmen. Das Gefäß ist zuerst mit dem auf S. 69 angeführten Chrom-Schwefelsäure-Gemisch vollständig zu füllen und so 24 Stunden lang zu belassen. Dann wird mit Wasser und zuletzt mit destilliertem H_2O gewaschen und im filtrierten Luftstrom getrocknet, damit auch aus der Kapillare alles Wasser entfernt ist und kein Stäubchen aus der Saugluft hineingelangt. Nur vollkommen reine Innenwände verbürgen ein tadelloses Funktionieren des Instruments. Den Schenkel ohne Kugelansatz schmilzt man dann im Gebläse zu. Nun wird in die Kugel *reinstes* Hg eingefüllt (Reinigung des Hg nach Vorschrift S. 69). Jetzt füllt man so viel frisch ausgekochte und rasch abgekühlte molare Schwefelsäure (2 norm H_2SO_4) ein, daß deren Oberfläche noch gut 2 cm unter dem Querrohr bleibt. Dann verschließt man den noch offenen Schenkel entweder mit einem frisch paraffinierten Kork oder, was empfehlenswerter ist, man evakuiert und schmilzt ebenfalls ab.

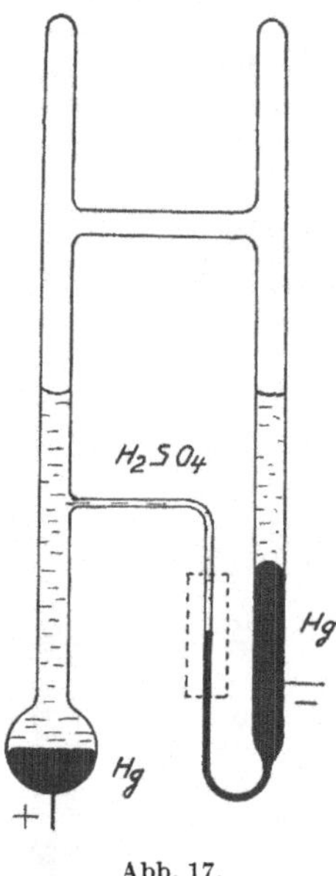

Abb. 17.

Durch vorsichtiges Neigen überführt man durch das Querrohr so viel Hg in den zylindrischen Schenkel, daß ungefähr die halbe Kugel gefüllt bleibt. Dabei fließt etwas H_2SO_4 auch mit über; die Kapillare hat sich von der Kugel her mit H_2SO_4 gefüllt. Stellt man nun den Apparat lotrecht, so steigt das Hg bis zur Mitte der Kapillare und verdrängt dabei die H_2SO_4. Dadurch bildet sich im Innern ein Stromweg aus: Hg in Kugel - - - - H_2SO_4 - - - - Hg in Kapillare und Zylinderschenkel. Man trachtet das Hg stets so zuverteilen, daß die Grenzfläche Hg - - H_2SO_4 in der Kapillare in die Mitte derselben zu stehen kommt. Man erreicht dies durch Neigung zur Kugel hin und Austropfenlassen von Hg aus der Kapillare

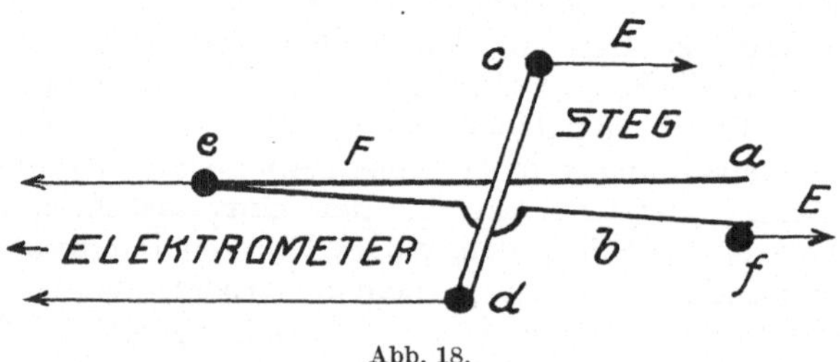

Abb. 18.

in die Kugel. Hierauf klebt man auf die Kapillare einen Deckglasstreifen mit Kanadabalsam, um eine schärfere Abbildung der Hg-Kuppe zu erhalten. Der Durchmesser der Kapillare soll 0,3 mm nicht unter- und 0,4 mm nicht überschreiten. Der innere Widerstand des Elektrometers beträgt dann 10^4 bis $10^5\,\Omega$ und seine Empfindlichkeit ca. 0,001 V.

Um eine zu weit gehende Polarisation der Hg - - H_2SO_4-Elektrode, die ohnehin eine geringe unipolare Polarisation zeigt, zu vermeiden, hält man das Kapillarelektrometer außer im Augenblick der Messung stets in sich geschlossen, was man durch einen besonderen Kurzschlußschalter erreicht, der zu jedem Instrument gehört. Dessen Prinzip zeigt die Abb. 18. Die beiden Klemmen *c* und *d* sind durch einen Metallsteg dauernd verbunden, unter den sich eine Feder *F* mit einer Klemme *e* vereint befindet, die in ihrer Ruhelage mit dem Steg in Kontakt steht. In einem kleinen Abstand unter dem freien Federende ist die Klemme *f*, mit der die Feder *F* durch Herunterdrücken in Verbindung gebracht werden kann. An die Klemme *d* und *e* ist das Elektrometer geschaltet, während das zu messende Potential *E* an *c* und *f* liegt. Ist die Feder in der Ruhelage (*a*), sind die beiden Elektrometerpole über den Steg kurz geschlossen und der Meßkreis *E* bei *f* unterbrochen. Drückt man die Feder auf den Kontakt der Klemme *f* herunter, öffnet man den Elektrometerkurzschluß über den Steg und schließt gleichzeitig den Meßkreis an das offene Elektrometer an.

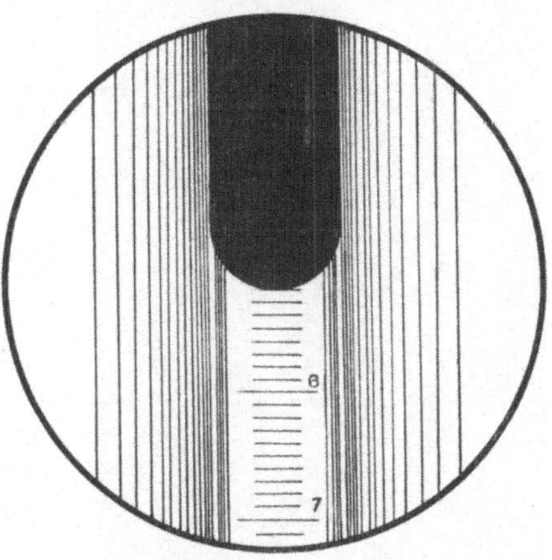

Abb. 19.

Für den Fall längerer Außergebrauchstellung des adjustierten Elektrometers empfiehlt sich zur dauernden Erhaltung der Empfindlichkeit der Anschluß desselben an eine höchstens einvoltige Gleichstromquelle. Dazu kann man ein *Danielelement* (Zn/verd. H_2SO_4 — Diaphragma — $CuSO_4$/Cu) von 1,08 bis 1,12 V Klemmenspannung oder ein *Leclanchéelement* (Zn/NH_4Cl — Diaphragma gelocht — MnO_2/C) mit einer EMK = 1,4 bis 1,5 V unter Vorschaltung eines hohen Widerstandes in Serie geschaltet verwenden. Dazu eignen sich die *Silitwiderstände*, wie sie die Radiotechnik verwendet. 1 bis 2 Megohm reichen dazu aus. Dabei wird der negative Pol des Elements (Zn) mit der Kapillarquecksilbersäule und der positive mit der Kugel verbunden. Vor Wiederingebrauchnahme wird das Elektrometer mindestens eine Stunde nach der Abschaltung kurz geschlossen stehen gelassen.

Da die Bewegungen der Quecksilberkuppe in der Kapillare mit freiem Auge wegen ihrer Kleinheit praktisch nicht genügend genau beobachtet werden können, die große Empfindlichkeit des Elektrometers unter diesen Umständen also nicht ausgenutzt wird, faßt man die Kapillarelektrometer in besonderen Stativen, die eine Beleuchtungsvorrichtung und ein etwa 30mal vergrößerndes Mikroskop mit einem in Zehntel geteilten Okularmikrometer tragen. Es sei dabei vor den allzu primitiven Einrichtungen gewarnt. Jedenfalls soll das Mikroskop durch Triebeinrichtungen hoch und seitlich verstellbar und der Mikroskoptubus ebenfalls durch einen Trieb zur Scharfeinstellung der Kapillare mit der Kuppe eingerichtet sein. Mit Hilfe eines allseits verstellbaren und drehbaren Spiegels wird eine gleichmäßige Beleuchtung des Gesichtsfeldes hergestellt. An Stelle des Spiegels kann auch eine kleine *Glühlampe* mit Mattscheibe treten. Auch die Projektion der Kapillare mit Hilfe einer starken Lichtquelle bietet dann Vorteile, wenn mehrere Beobachter gleichzeitig in die Vorgänge Einblick haben sollen.

Abb. 19 zeigt das Blickfeld mit der natürlich umgekehrt erscheinenden Kapillare und der Hg-Kuppe an der Teilung des Okularmikrometers.

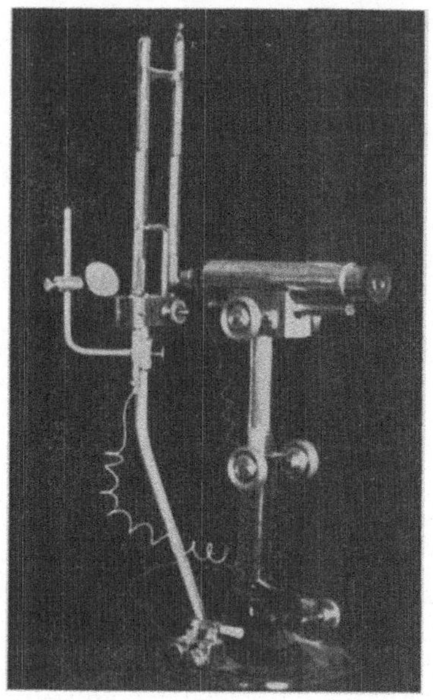

Abb. 20.

In Abb. 20 ist ein Stativ mit montiertem Kapillarelektrometer nach LUTHER abgebildet. Es ist sehr handlich im Gebrauch und gestattet ein schnelles und scharfes Einstellen der Kuppe. Es ist nur stets darauf zu achten, daß die Achse des Mikroskops senkrecht zur Kapillarebene steht.

Sollte die Empfindlichkeit durch zu starke Belastung oder zu langen Stromdurchfluß zurückgegangen, also eine zu weit gehende Polarisation entstanden sein, dann stellt man einen neuen Quecksilbermeniskus dadurch her, daß man das gesamte Hg in die Kugel zurückbringt und neuerlich die Verteilung in der angegebenen Weise vornimmt. Der neue Meniskus soll dann kurz geschlossen mindestens eine Stunde ruhen. Es darf die Kuppe beim Öffnen des Kurzschlusses nicht die geringste Bewegung machen. Außerdem muß der Hg-Faden in der Kapillare leicht beweglich sein, ohne abzureißen.

Für die p_H-Messung hatte das Kapillarelektrometer bei allen nur lose und variabel zusammengestellten Meßeinrichtungen eine große Rolle gespielt und kann für diese Zwecke empfohlen werden. Heute tritt es in den Hintergrund, da die fix zusammengebauten Meßapparaturen mit bereits sehr vollkommenen und hochempfindlichen Galvanometern ausgestattet werden.

6. Elektrodynamische Meßinstrumente.

Hierher gehören die „*Galvanometer*", welche hauptsächlich zur Feststellung des Vorhandenseins von elektrischen Strömen dienen, die als *Volt-* und *Amperemeter* bekannten Meßgeräte zur Bestimmung von Stromspannungen und Stromintensitäten und auch die *Dynamometer* und *Wattmeter*. Diese Meßeinrichtungen bestehen im wesentlichen aus einem *fixen, unbeweglichen* und einem *beweglichen* System, das durch die magnetischen oder elektrischen Fernwirkungen des ersteren abgelenkt oder aus seiner Ruhelage gebracht wird. Man kann vier Klassen von elektrodynamischen Instrumenten unterscheiden:[1]

1. Instrumente mit *feststehenden Spulen*, die der zu messende Strom durchfließt und dadurch auf bewegliche Magnete ablenkend wirkt (*Nadelgalvanometer*).

2. Geräte mit feststehenden *permanenten* oder *Elektromagneten*, in Kombination mit beweglichen Spulen, die vom Meßstrom durchflossen werden (*Drehspulgalvanometer*), und ihnen angeschlossenen *Saiten-* und *Schleifengalvanometern*.

3. Kombinationen von feststehenden und beweglichen Spulen, wo *beide Spulen* während der Messung stromführend sind (*Dynamometer*, *Wattmeter*).

4. Auf *Induktionsvorgängen* beruhende Meßgeräte für Wechselstrom.

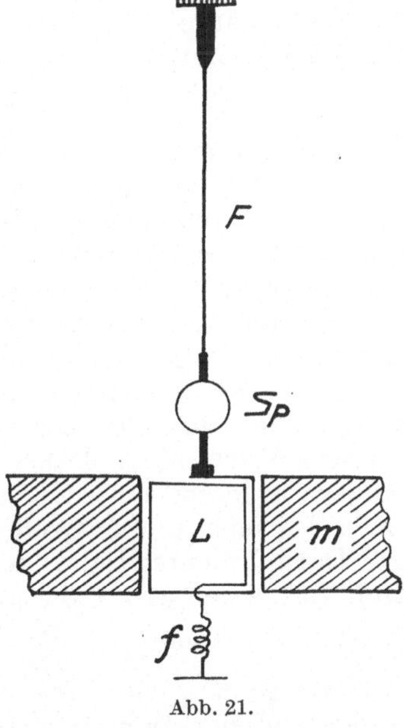

Abb. 21.

Von den elektrodynamischen Instrumenten haben für die p_H-Messung selbst und für Nebenmessungen die *Drehspulgeräte* die größte Bedeutung, weshalb auf sie hier etwas näher eingegangen sei.

Sie dienen im wesentlichen der Messung von *Gleichströmen* und deren Spannungen. In den *Spiegelgalvanometern* erreichen sie in bezug auf ihre Empfindlichkeit eine große Vollkommenheit, wenn dabei mitunter die langen Einstellzeiten auch störend wirken.

Abb. 21 zeigt im Schema die Wirkungsweise dieser elektrodynamischen Instrumente. Den stromdurchflossenen beweglichen Leiter bildet die Spule *L*, die sich zwischen den Polen des Magneten *M* leicht drehen kann. Die Spule hängt an einem Band oder Faden *F*, der die eine Stromzuführung bildet, während die andere durch eine Feder *f* hergestellt ist. Auf der Drehsystemachse sitzt noch der Spiegel *Sp*, der allen Drehungen der Spule folgt. Bei diesen Instrumenten befindet sich also eine stromdurchflossene Spule leicht beweglich in einem Magnetfeld. Die Wechselbeziehungen zwischen Feld und beweglicher Drehspule beherrscht das Biot-Savartsche Gesetz, während die elektromagnetischen *Dämpfungserscheinungen* an der bewegten Spule wesentlich dem *Induktionsgesetz* folgen.

Nach dem Biot-Savartschen Gesetz wirkt auf einen von Elektrizität durchflossenen Leiter in einem Magnetfeld eine Kraft, die in ihrer Größe von der Feldstärke des Magneten, von der Lage und Länge des Leiters und von der Intensität des im Leiter fließenden Stromes bestimmt wird.

[1] Nach Jäger, l. c. S. 47.

Die Spule bildet nicht ein Leiterelement, sondern eine Summe solcher, bestehend aus Drahtwindungen von rechteckiger Form mit der Länge l cm und Breite b cm. Die Spule steht senkrecht zum Verlauf der Kraftlinien zwischen den Magnetpolen. Die Kraft, die auf *eine* Windung der Spule wirkt, ist nach dem gleichen Gesetz:

$$K = 2\,H \cdot J \cdot l, \text{ das Drehmoment } \frac{b}{2} K = H \cdot J \cdot l \cdot b.$$

In diesen Gleichungen bedeutet H die Feldstärke des Magneten und J die Stromstärke. Das Gesamtdrehmoment dK einer Spule mit N-Windungen ist somit:

$$dK = H \cdot J \cdot N \cdot b \cdot l = J \cdot HF, \text{ da } F = N \cdot b \cdot l \text{ ist.}$$

Mit F bezeichnet man das Produkt aus der Anzahl der Windungen und ihrer Fläche $b \cdot l$ *(Spulenfläche)*. Das vom Strome 10 A = 1 C. G. S. ausgeübte Drehmoment $H \cdot F$ wird *dynamische Galvanometerkonstante* genannt und mit q bezeichnet. Würde die Ablenkung der Spule durch ein beliebiges Drehmoment vollkommen reibungslos im luftleeren Raume vor sich gehen, so müßte eigentlich stets eine Drehung um 90° erfolgen, also die Stellung der Windungsflächen senkrecht zu den Kraftlinien erfolgen. Die ablenkende Kraft muß aber auch die *Torsion* des Aufhängefadens und der Zuleitungsfeder abgesehen von den Luftwiderständen überwinden. Daher wird die Einstellung nicht in der Endlage, sondern in irgend einer Zwischenlage erfolgen. Die Spule dreht sich um einen Winkel φ, dessen Größe durch die Beziehung $D \cdot \varphi = i\,F\,H$ bestimmt ist. Darin bedeutet D die dem Drehmoment entgegenwirkende *Direktionskraft* von Faden und Feder und i die drehend wirkende Strommenge. Daraus berechnet sich: $\varphi = \frac{HF}{D}\,i = \frac{Ri}{D}\cdot$ Man könnte sonach durch Vergrößerung von q oder, was dem gleichkommt, durch Erhöhung der Feldstärke und der Windungszahl und Verkleinerung der Richtkraft von Feder und Faden bei gleichbleibender Stromstärke i weitgehend den Ausschlag vergrößern und dadurch die Empfindlichkeit nach Belieben steigern. Die weitgehende Vergrößerung von H kann sehr leicht durch Ersatz des permanenten Magneten durch einen Elektromagneten erreicht werden. Diese starke Steigerung der Feldstärke hat aber die höchst unangenehme Folge, daß sich die *Einstellzeit* der Spule in die Ruhelage beim Stromdurchfluß immer mehr erhöht und schließlich Werte annimmt, die eine praktische Verwendung eines solchen Instruments unmöglich machen. Es tritt die sogenannte *elektromagnetische Dämpfung* in den Vordergrund, die durch das *Induktionsgesetz* begründet wird. Es sagt aus, daß durch die Bewegung einer Spule im Magnetfeld in ihren offenen Windungen ein Potential und beim Schließen der Windungen ein elektrischer Strom induziert wird. Nach der Regel von Lenz fließt dieser Induktionsstrom in einer solchen *Richtung*, daß er die Bewegung bremst, also in unserem Falle in entgegengesetzter Richtung vom bewegunggebenden Strom. Ohne weiter auf die Ableitung der bezüglichen Gleichungen einzugehen, müssen wir noch festhalten, daß die elektromagnetische Dämpfung mit dem Quadrate der Feldstärke und der Spulenfläche zunimmt und linear mit dem Widerstand des Systems abnimmt. Daher wird bei offener Spulenwicklung die Dämpfung Null sein. Durch Erhöhung des Schließungswiderstandes drücken wir die elektromagnetische Dämpfung herunter. Die Endeinstellung bei konstantem Strom wird durch diese Dämpfung nicht beeinflußt, wohl aber die Bewegungsform durch die Ausschlagszeit. Ist der Wert für die Dämpfung sehr klein, so wird die Bewegung wohl rasch erfolgen, aber über die Einstellung hinaus eintreten, so daß eine Schwingung um den Einstellungspunkt erfolgt und allmählich die neue Ruhelage erreicht wird. Wir bezeichnen diese Art von Schwingungsbewegung als „*periodisch*". Ist dagegen die Dämpfung sehr stark, bewegt sich die Spule sehr langsam bis zur neuen Ruhelage, ohne über dieselbe hinauszuschwingen. Eine solche Bewegung wird als „*aperiodisch*" bezeichnet. Wird der Dämpfungsgrad bei der periodischen Bewegung allmählich so weit verändert, bis eben kein Hinausschwingen über die Ruhelage mehr eintritt, so ist der „*aperiodische Grenzzustand*" der Spule oder des Galvanometers erreicht. In diesem Bereich arbeitet im allgemeinen das Galvanometer am besten.

Der moderne Drehspulgalvanometerbau verfügt über eine riesige Erfahrung, so daß bei den Instrumenten der erstklassigen Firmen alle Bedingungen hinsichtlich günstiger Spulenform, Rähmchengröße, Windungszahl, Rähmchengewicht, Zurückdrängung der Direktionskraft usf. sich in gutem Einklang befinden. Es muß aber betont werden, daß sich trotzdem eine hohe Strom- und Spannungsempfindlichkeit gleichzeitig beim selben Instrument nicht erreichen läßt.

Beim Gebrauch der Drehspulgalvanometer sind die Widerstandsverhältnisse besonders zu beachten. Der Gesamtwiderstand R eines Galvanometerkreises setzt sich aus dem Widerstand der angeschalteten Versuchsanordnung (*äußerer* Widerstand) und dem Klemmenwiderstand des Galvanometers (*innerer* Widerstand) zusammen. Wir haben schon gesehen, daß die elektromagnetische Dämpfung vom Widerstand abhängt und durch passende Wahl desselben der aperiodische Grenzzustand erreicht wird. Es ist der kleinste äußere Widerstand, mit dem das Galvanometer überhaupt noch verwendbar ist. Wird derselbe noch verringert, so beginnt das Galvanometer zu „*kriechen*". Bei größerem Widerstand, als dem aperiodischen Grenzzustand entspricht, *leidet* die Spannungsempfindlichkeit. Es muß, allgemein gesagt, der *innere*, an den Klemmen des Instruments gemessene *Widerstand* stets *kleiner* als der *Schließungswiderstand* im Grenzzustand sein (auch als „Grenzwiderstand" bezeichnet).

Die *Drehspulgalvanometer* teilt man praktisch in solche ein, deren Spule zwischen den Magnetpolen aufgehängt schwingt, und solche, deren Spulensystem zwischen Steinen auf Spitzen gelagert sich bewegt, wobei die Richtkraft von Federn bestimmter Legierungen stammt, die möglichst temperaturunempfindlich sind; ein leichter, mit dem System verbundener Zeiger schwingt über einer Skala. Erstere besitzen entweder einen mit dem System mitgehenden Spiegel oder mitunter auch einen Zeiger.

Die *Spiegelgalvanometer* finden bei der p_H-Messung fast ausschließlich als O-Instrumente im später zu erörternden Kompensationsverfahren Verwendung. Als vielfach verwendbares, in seiner Konstruktion leicht überschaubares Spiegelgalvanometer mittlerer Empfindlichkeit sei das von MOLL der Firma Kipp und Zonen in Delft angeführt. In Abb. 22 ist es, auf einer verstellbaren Wandkonsole aufgestellt, wiedergegeben. Es wird von leichten Erschütterungen nur sehr gering beeinflußt, da die Spule nicht freihängend schwingt, sondern an *gespannten* Aufhängedrähten. Zufolge der früheren Ausführungen über die Empfindlichkeit wird bei geringem äußeren Widerstand (bis ca. 160 Ω) die Dämpfung bei geschlossenem Kreis mit dem „magnetischen Nebenschluß" geregelt. Für große äußere Widerstände wird das Magnetfeld durch Herunterrücken des magnetischen Nebenschlusses stark gestaltet und noch ein passender Widerstand zum Galvanometer parallel geschaltet.

Abb. 22.

Da sich ein Spiegelgalvanometer nicht für alle Meßzwecke verwenden läßt, sind jene Typen von Vorteil, bei denen die Spuleneinsätze mit verschiedenem inneren Widerstand auswechselbar sind. Sehr empfehlenswert ist unter anderem das *Supergalvanometer* von Siemens-Halske, da es für höchstempfindliche Strom- und Spannungsmessungen eine *Doppelspule* besitzt. Tab. 13 gibt über die Daten einiger bekannter Spiegelgalvanometer einen Überblick.

Dazu wird bemerkt, daß die „Stromkonstante" jene Stromstärke ist, die bei 1 m Skalenabstand 1 mm Ausschlag bewirkt. Ebenso ist die „Spannungskonstante" aufzufassen. Sie bezieht sich auf den Gesamtwiderstand (also äußerer Grenzwiderstand + Widerstand des Meßwerkes) bei aperiodischer Einstellung.

Sehr vielseitig verwendbar ist das *Multiflex*-Galvanometer von Dr. B. LANGE in Berlin-Zehlendorf, da es trotz seiner hohen Empfindlichkeit robust gebaut, leicht transportabel und mit einem auf der optisch erhaltenen Meterskala spielenden *Lichtzeiger* ausgestattet ist, der nicht nur als Anzeigeorgan dient, sondern auch unmittelbar Registrierungen auf Bromsilberpapier vornehmen kann. Außerdem fällt jede genaue Einnivellierung weg, da das Meßwerk, durch ein Spannbandsystem

Tabelle 13.

Hergestellt von	Type	Strom-konstante A	Spannungs-konstante V	Meßwerkwiderstand Ω	Instrument-widerstand Ω	Äußerer Grenz-widerstand Ω	Schwingungs-dauer ½ Period.'
Siemens-Halske	Spiegelgalvanometer (Doppelspule)	0,07 bis $0{,}25\cdot10^{-9}$	5,3 bis $1{,}6\cdot10^{-6}$	480	480	75000 bis 6000	4,0
		1,5 bis $5\cdot10^{-9}$	0,2 bis $0{,}07\cdot10^{-6}$	11	11	150 bis 2,5	4,0
	Standardgalvanometer mit Einsatzspule	0,8 bis $3{,}2\cdot10^{-9}$	6,2 bis $1{,}6\cdot10^{-6}$	350	350	7350 bis 150	2,0
		5 bis $17\cdot10^{-6}$	1,3 bis $0{,}4\cdot10^{-6}$	23	123	230 bis 1	1,5
Hartmann u. Braun	150	$4\cdot10^{-9}$	$2\cdot10^{-6}$	50	100	400	5,0
	151	$8\cdot10^{-9}$	$3{,}2\cdot10^{-6}$	50	100	300	1,5
Kipp u. Zonen	Moll Original	$5{,}7\cdot10^{-9}$	$1{,}2\cdot10^{-6}$	—	55	160	0,7
	Z c	$0{,}4\cdot10^{-9}$	$0{,}16\cdot10^{-6}$	—	15	400	3,5

getragen, reibungslos arbeitet. Durch mehrfache Reflexion wird der von einer kleinen Scheinwerferbeleuchtungseinrichtung erzeugte Lichtzeiger mit seiner Strichmarke auf die am Instrumentenkästchen angebrachten auswechselbaren Skala projiziert, sodaß jede Ablesung parallaxefrei erfolgt. Das Instrument wird heute in fünf Typen gebaut, die sich durch entsprechende Unterschiede im Systemwiderstand (17 bis 5000 Ω) mit einer Stromempfindlichkeit von 1 bis $5\times{}^{-10}$ A und Spannungsempfindlichkeit bis 1×10^{-6} V bei einer Einstellungsdauer von ein bis zwei Sekunden unterscheiden.

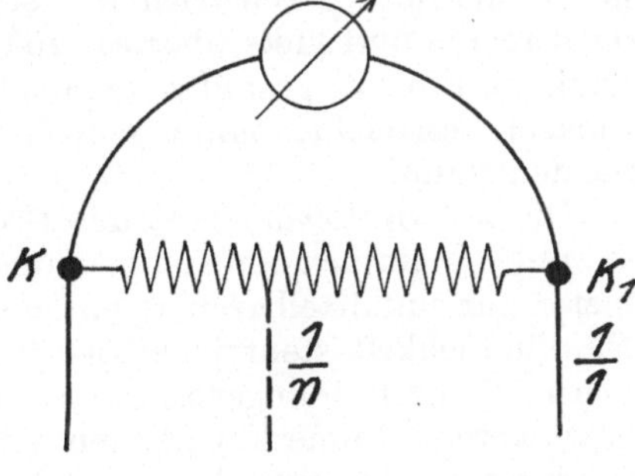

Abb. 23.

Eine stufenweise Herabminderung der Empfindlichkeit von Spiegelgalvanometern kann man durch entsprechende *Nebenschlüsse* herbeiführen. Für diese Zwecke hat Ayrton eine Kombination angegeben, die dem Mollschen Spiegelgalvanometer meist beigegeben wird. Die Wirkungsweise dieses Nebenschlusses geht aus der Skizze der Abb. 23 hervor. Das Galvanometer bleibt dabei stets über denselben Widerstand *W* geschlossen, wodurch eine gewisse Empfindlichkeitseinbuße eintritt, gegeben durch das Verhältnis des Galvanometerwiderstandes w zum Schließungswiderstand W. Letzterer muß sonach möglichst groß genommen werden, ohne dadurch die Dämpfung des Galvanometers zu weit herunterzudrücken. K und K_1 sind die Anschlüsse für das Galvanometer und die Zuleitungen für die mit 1/1 bezeichnete Stellung. Der Gesamtwiderstand R ergibt sich

$$R = \frac{w \cdot W}{w + W}.$$

Der Galvanometerstrom i_g hat zum Gesamtstrom i die Beziehung:

$$i_g : i = W : (w + W).$$

Wird nun die Stromzuführung von K um den n-ten Teil des Widerstandes W verschoben (Stellung 1/n in der Abb. 23), so ist der restliche Teil des Widerstandes $W \cdot \frac{n-1}{n}$ mit dem Galvanometer in Serie geschaltet (vorgeschaltet), weshalb nur mehr der n-te Teil des früheren Galvanometerstromes durch das Galvanometer geht. Entsprechende Anzapfungen des Widerstandes W ergeben dann beliebige Stromverringerungen und damit heruntergesetzte Stromempfindlichkeiten. Zu beachten ist nur, daß der Systemwiderstand zu dem Widerstand W im richtigen Verhältnis steht.

Den Spiegelgalvanometern schließen sich die *Zeigerdrehspulinstrumente* mit *Faden-* oder *Bändchenaufhängung* an, deren Empfindlichkeit meist geringer ist. Sie haben aber den Vorteil der leichten Transportfähigkeit und der Aufstellungsmöglichkeit auf jeden festen und nicht vibrierenden Tisch. Deshalb sind sie mit einer Wasserwaage versehen, mit der das Instrument vor Entarretierung horizontal auszurichten ist. Bei diesen Meßgeräten schwingt ein kurzer, leichter Zeiger über einer Kreisteilung meist mit dem 0-Teilstrich in der Mitte, so daß ein Maximalausschlag nach rechts und links über ca. 45° resultiert. Das Zeigerende ist als zur Skala senkrecht gestellte Schneide ausgebildet, die gleichzeitig einen Spiegel bestreicht, damit man bei der Ablesung jede Parallaxe vermeiden kann.

Die mit *Spitzenlagerung* der Drehspule versehenen Meßgeräte werden sowohl als einfachere Nullinstrumente als auch als Volt- und Amperemeter zur unmittelbaren Spannungs- und Strommessung benutzt. Ihre Empfindlichkeit steht jener der Vorgenannten schon deshalb nach, weil hier noch die Reibungsverhältnisse zwischen Achsenspitze und Lagerstein hinzutreten. Immerhin können solche Nullinstrumente selbst für heikle Messungen sehr gute Dienste leisten, wenn sie als Hilfsgeräte für das später zu besprechende *Röhrenvoltmeter* verwendet werden. Für die direkte Messung der Potentiale zwischen Wasserstoff- und Bezugselektroden sind sie wegen ihres relativ doch großen Stromverbrauches bei der Messung nicht zu gebrauchen. Wohl aber können sie bei Kompensationsschaltungen als Anzeiger von Stromlosigkeit dienen und werden den einfacheren Geräten dieser Art für diesen Zweck häufig beigegeben.

Wie schon gesagt, sind die *Amperemeter* Strommesser und -anzeiger, die bei sehr geringen Strommengen entsprechend „Milliamperemeter" genannt werden. *Sie werden stets mit der Stromquelle und der angeschlossenen Apparatur in Serie, also hintereinander, geschaltet*, weshalb ihr innerer Widerstand 200 Ω nicht übersteigt und meist nur 10 bis 30 beträgt. Um mit einem Meßsystem mehrere Meßbereiche zu erhalten, werden niederohmige Nebenschlußwiderstände, sogenannte *Shunts*, den Instrumenten zugeschaltet, wobei aber stets darauf zu achten ist, daß ihr Anschluß mit den mitabgestimmten Zuleitungskabeln erfolgt.

Das Amperemeter wird im allgemeinen dadurch zum *Voltmeter*, daß sein innerer Widerstand sehr erhöht wird. Er beträgt meist bis zu 100.000 Ω und auch noch darüber. In diesem Falle wird aber das Instrument *nicht* mehr in Serie, sondern *parallel*, also im *Nebenschluß*, angeschaltet. Die Wirkungsweise erklärt folgende Überlegung, die durch das Schema der Abb. 24 unterstützt wird.

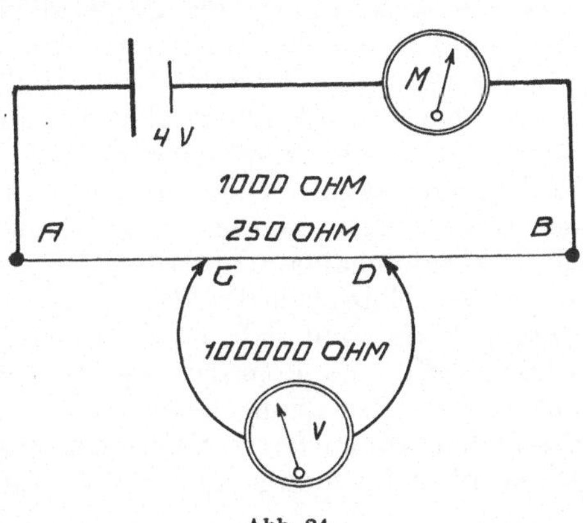

Abb. 24.

Die Stromquelle von 4 V Spannung wird über ein Milliamperemeter durch den Widerstand AB von 1000 Ω geschlossen. Das Milliamperemeter zeigt demnach einen Strom von 4 mA an. Nun legt man ein Millivoltmeter mit dem Widerstand von 100000 Ω in Nebenschlußschaltung zum Widerstand AB in C und D an. Der Widerstand CD betrage 250 Ω. Nachdem über AB 4 V abfallen, muß über das $^1/_4$ betragende Widerstandsstück 1 V abfallen. Da der parallel angelegte Widerstand des Millivoltmeters 100000 Ω beträgt, wird von dem bei C und D angeschlossenen Millivoltmeter ein Strom von $\frac{1}{100000}$ A = 0,01m A aufgenommen. Der nunmehr fließende Gesamtstrom beträgt 4,01 mA. Die Anlegung des Millivoltmeters verursacht daher keine nennenswerte Erhöhung der Stromintensität im Schließungskreis; das Milliamperemeter wird diesen Stromzuwachs praktisch nicht mehr registrieren, so daß das Zu- und Abschalten eines Voltmeters im allgemeinen keine praktisch zu berücksichtigende Stromschwankung verursacht. Weil der Widerstand des Voltmeters konstant ist, entspricht der Stromaufnahme $\frac{1}{100000}$ A 1 V, $\frac{2}{100000}$ A 2 V usf. Es besteht daher eine direkte Proportionalität zwischen aufgenommenem Strom und herrschender Spannung, weshalb die Skala auch die unmittelbare *Eichung in Volt* zuläßt.

Als weitere elektrodynamische Meßgeräte sind die *Saitengalvanometer* und das *Schleifengalvanometer* von Zeiss zu nennen. Sie stellen eine Abart der Drehspulinstrumente vor, bei der an Stelle der Drehung des Meßsystems eine Ausbiegung oder Ablenkung eines gespannten Haardrahtes oder einer feinen Schleife erfolgt. Da diese Ausbiegung sich mit freiem Auge nicht messend verfolgen läßt, findet die Beobachtung mit Hilfe eines Mikroskops statt.

Das *Saitengalvanometer* von Edelmann in München, nach den Angaben Einthovens hergestellt, ist ein sehr stromempfindliches Instrument, das den besonderen Vorzug einer ungemein kurzen Einstelldauer hat. Das große Instrument benutzt einen sehr starken Elektromagnet, zwischen dessen Polen sich der gespannte Faden aus versilbertem Quarz oder verschiedenen Metallen befindet. Er kann infolge günstiger Konstruktionsverhältnisse mit den stärksten Trockensystemen beobachtet werden, was die Ausnutzung der Empfindlichkeit dieses Meßgerätes so weit fördert, daß bei den dünnsten Fäden bei tausendfacher Vergrößerung eine Stromempfindlichkeit von ca. 10^{-12} A für eine scheinbare Abweichung des Fadens von 0,1 mm resultiert. Eine zweite Type des von Edelmann erzeugten Saitengalvanometers hat einen sehr starken unterteilten Permanentmagnet. Diese beiden Ausführungen bieten nur hinsichtlich der Erneuerung des Fadens einige Schwierigkeiten. Das kleine Permanent-Magnet-Saitengalvanometer ist dagegen sehr angenehm im Gebrauch, zumal das Einziehen des Fadens durch die Erzeugerfirma vorgenommen werden kann, weil sich der Fadeneinsatz sehr leicht entfernen und versenden läßt. Es kommen Vergrößerungen bis etwa 300 bei direkter mikroskopischer Beobachtung und entsprechend stärkere bei Projektion des Fadens auf entfernte Schirme in Frage. In Tab. 14 sind die wichtigsten Daten über das letztgenannte Modell nach Edelmann zusammengestellt.

Tabelle 14. Permanent-Magnet-Saitengalvanometer Nr. 1520.

Saiten				Empfindlichkeit bei 100facher Vergrößerung in A bei Bewegung			
Material	Durchmesser in μ	Länge in mm	Widerstand in Ω	periodisch 1 mm Ausschlag gleich	Ausschlagszeit in Sekunden	aperiodisch 1 mm Ausschlag gleich	Ausschlagszeit in Sekunden
Au	8,5	67	140	$8{,}7 \cdot 10^{-6}$	0,005	$7{,}5 \cdot 10^{-8}$	0,08
Pt	3,8	67	4000	$6{,}1 \cdot 10^{-6}$	0,002	$3{,}6 \cdot 10^{-7}$	0,02
SiO_2	2,5	67	10000	$2{,}5 \cdot 10^{-6}$	0,0025	$8{,}3 \cdot 10^{-7}$	0,01

Das „*Schleifengalvanometer*“ von Zeiss hat als bewegliches Meßorgan eine Schleife aus einer sehr dünnen Metallfolie, deren Widerstand bis 10 Ω beträgt. Sie hängt zwischen zwei Stahlmagneten, die sich mit ihren ungleichnamigen Polen gegenüberstehen, wodurch sich beide Bewegungsimpulse addieren.

Die Ausschläge der stromdurchflossenen Schleife werden mit einem Mikroskop beobachtet, dessen Okulargesichtsfeld eine 100teilige Skala enthält. Für die gewöhnlichen Messungen im Laboratorium verwendet man eine 80fache Vergrößerung, die durch Anfügung eines optischen

Zusatzsystems auf 640 erhöht und damit die Empfindlichkeit des Instruments auf das achtfache gesteigert wird. Für die *objektive* Beobachtung der Galvanometerausschläge ist eine starke Lichtquelle vorgesehen, mit Hilfe derer die Skala auf eine Mattscheibe oder einen entfernten Schirm geworfen wird. Das Galvanometer ist um seine Achse um 180° drehbar eingerichtet. Die Umdrehung bewirkt, daß nunmehr die Schleife nicht mehr stabil hängt, sondern *labil* steht. Dadurch erhöht sich die Empfindlichkeit etwa sechsmal. Sie beträgt für die möglichen Vergrößerungen und Stellungen der Schleife pro Skalenteil:

bei hängender Schleife (stabile Lage) und Vergrößerung 80 × ca. $3 \cdot 10^{-7}$ A,
bei hängender Schleife (stabile Lage) und Vergrößerung 640 × ca. $3{,}7 \cdot 10^{-8}$ A,
bei stehender Schleife (labile Lage) und Vergrößerung 80 × ca. $6 \cdot 10^{-8}$ A,
bei stehender Schleife (labile Lage) und Vergrößerung 640 × ca. $7{,}5 \cdot 10^{-9}$ A.

Die labile Stellung gefährdet jedoch die Konstanz der Nullage, was stets zu berücksichtigen ist. Infolge des geringen Widerstandes der Kupferschleife zeigt das Instrument zwar eine geringere Stromempfindlichkeit, aber eine sehr gute Spannungsempfindlichkeit.

Die *Unempfindlichkeit* des Schleifengalvanometers gegenüber den unvermeidlichen geringen Erschütterungen im Laboratorium während der Beobachtung erleichtert sehr das Arbeiten damit. Als Vorteile sind noch zu nennen die leichte Übertragbarkeit und sofortige Gebrauchseinstellung, die schnelle und aperiodische Einstellung der Schleife und Proportionalität der Ausschläge zur Stromstärke bei hängender Schleife. Der Verfasser benutzte es sehr viel als Nullinstrument bei p_H-Messungen und Widerstandsbestimmungen.

7. Das Röhrenvoltmeter.

Zum Verständnis der Wirkungs- und Anwendungsweise der *Röhrenvoltmeter* sei ein kurzer Rückblick auf die heute so vielseitig gebrauchte „*Elektronenröhre*" (*21, 22, 24, 25*) gegeben. Die Glühkathoden- oder Elektronenröhre fußt darauf, daß ein glühender Körper Elektronen aussendet, deren Strom nach Durchtritt durch eine Gitterelektrode zu einer positiv geladenen Platte (Anode) gezogen wird. Die jeweilige Ladung der Gitterelektrode wirkt auf den Elektronenstrom hemmend oder fördernd ein, steuert ihn also. Die steuernde Spannung ist nun mit den Stromschwankungen kurvengleich, wobei letztere aber viel größere Amplituden besitzen. Dadurch wird es möglich, durch kleine Steuerspannungsschwankungen große Stromveränderungen herbeizuführen, was gleichzeitig einer Verstärkung entspricht.

Die auch in der Radiotechnik verwendete Elektronenröhre besteht im wesentlichen aus einem evakuierten Glasballon, der einen mit zwei Zuleitungen versehenen „*Heizfaden*", eine mit Zuleitung verbundene Steuerelektrode als „*Gitter*" und endlich eine ebenfalls nach außen abgeführte plattenförmige Anode enthält. Mit Hilfe einer vierpoligen Steckerfassung wird eine solche Röhre in den Sockel der ganzen Apparatur eingefügt. Abb. 25 gibt im Schema die *prinzipielle* Schaltung einer Elektronenröhre mit den unbedingt erforderlichen Nebengeräten wieder. *HB* entspricht der Heizbatterie, die über den Regulierwiderstand R an die Pole des Heizfadens geschlossen ist. Dadurch entsteht der „*Heizkreis*". Die Verbindung des Gitters mit dem negativen Ende des Heizfadens bezeichnet man als „*Gitterkreis*", während der „*Anodenkreis*" von der Anodenbatterie (AB) mit ihrem negativen Pol an den negativen Pol der Heizbatterie und dem positiven an die Anode gelegt, gebildet wird.

Bei den modernen Röhren werden die genannten Elemente Heizfaden, Steuergitter und Anode sowohl in der Form als auch im gegenseitigen Abstand nach dem Zweck der Röhre verschieden gestaltet. Auf diese technischen Einzelheiten einzugehen, würde zu weit führen. Zur Beurteilung der Verhältnisse im Röhrenvoltmeter müssen wir in erster Linie darauf sehen, daß wir höchstevakuierte Röhren ohne Gasreste benutzen, die eine vorzügliche Isolation zwischen Gitter und Anode aufweisen. Weiter werden wir die Beziehungen Heizung—Anodenbatteriespannung—Anodenstrom und bei konstanter Heizung und konstanter Anodenspannung die Beziehungen Gitterspannung—Anodenstrom besonders zu berücksichtigen haben.

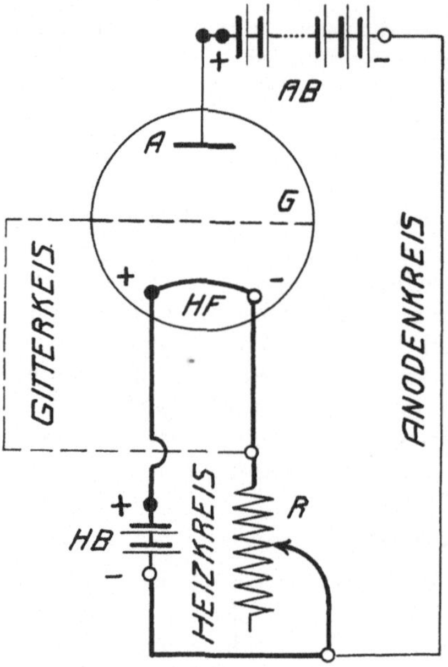

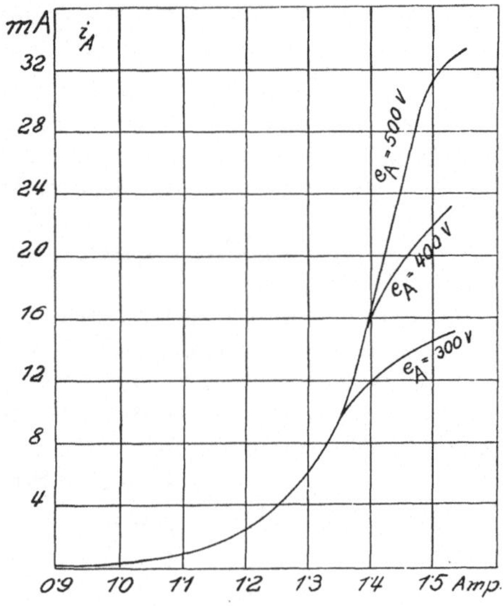

Abb. 25.

Abb. 26.

Weitgehendes Vakuum, also Gasfreiheit der Röhre, ist deshalb erforderlich, um mit dem reinen gesteuerten Anodenstrom zu arbeiten und Schwankungen desselben durch Stoßionisation von Gasresten vorzubeugen, die sonst die Steuerschwankungen fälschen würden. Die gute Isolation zwischen Gitter und Anode ist zur Vermeidung von Kriechströmen zwischen beiden erforderlich, was sonst ebenfalls zu Meßfehlern führen würde.

Für die Betrachtung der Beziehungen zwischen Heizstrom (i_H) und Anodenstrom (i_A) bei konstanter Anodenspannung (e_A) und konstanter Gitterspannung (e_G) dienen folgende nach REIN-WIRTZ (*21*) wiedergegebenen Kurven der Abb. 26. Sie zeigen zunächst, daß der Heizstrom, auf der Abszisse verzeichnet, einen gewissen Wert annehmen muß, damit überhaupt ein Anodenstrom zu fließen beginnt und meßbare Werte erhält. Hierauf findet mit zunehmender Heizung ein rascher, steiler Anstieg des

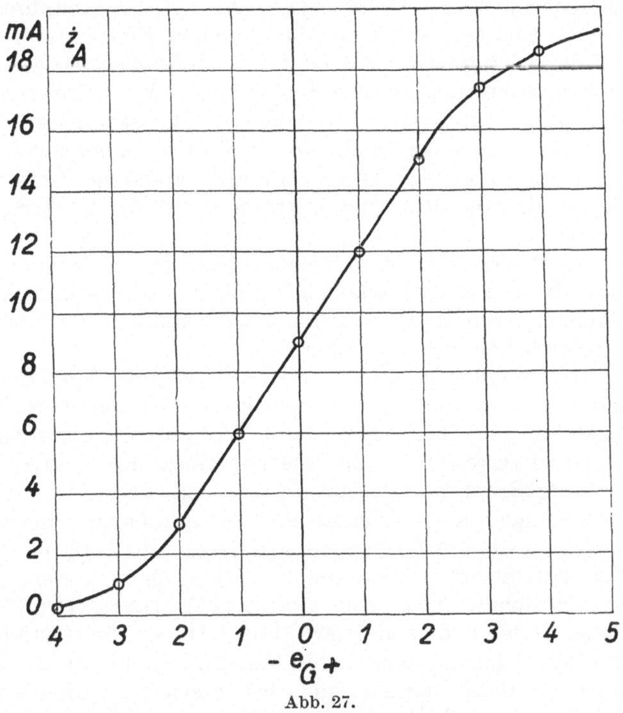

Abb. 27.

Anodenstromes statt, der dann einen Grenzwert erreicht, dessen Lage von der Anodenspannung (e_A) bedingt ist. Je größer sie ist, um so später tritt der Grenzwert auf (bei $e_A = 300$ V bei etwa 15 mA und bei 500 V bei ca. 32 mA).

Bei gleichbleibendem Heizstrom und gleichbleibender Gitterspannung (e_G) bewirkt eine anwachsende Anodenspannung (e_A) ebenfalls einen Grenzwert des Anodenstromes (i_A), den man als *Sättigungsstrom* bezeichnet.

Besonders wichtig ist für uns aber die *Kennlinie*, welche dem Verhältnis der Gitterspannung zum Anodenstrom entspricht, wenn die Heizung und die Anodenspannung konstant sind.

Abb. 27 zeigt uns eine Kurve für konstante Anodenspannung (e_A) bei konstanter Heizung und variabler Gitterspannung (e_G). Die Gitterspannung e_G, auf der Abszissenachse aufgetragen, variiert von —4 bis

+5 V. Die Ordinate trägt die Marken für die Anodenstromstärke in Milliampere.

Wir bekommen auf diese Weise eine Kennlinie oder *Charakteristik* der betreffenden Röhre für die Beziehung Gitterpotential—Anodenstrom. Es entspricht ein Anodenstrom $i_A = 6$ mA einem Gitterpotential von —1 V, $i_A = 3$ mA einer Gitterspannung von —2 V. Die Änderung um 1 V des Gitterpotentials hat eine Anodenstromänderung von 3 mA zur Folge. Ist diese Änderung bei einer anderen Röhrentype größer, so wird der Kurvenverlauf steiler. Die *Steilheit* der Kennlinie ist also durch das Verhältnis der Änderung des Anodenstromes zur zugehörigen Gitterpotentialänderung definiert. *Dieses Verhältnis* ist für die Empfindlichkeit des Röhrenvoltmeters ausschlaggebend. Wir können für diesen Zweck nur Röhren mit großer Steilheit der Charakteristik verwenden. Neben der Steilheit ist aber auch die Größe des *geradlinigen Bereiches* der Kennlinie bedeutungsvoll, denn nur in ihr besteht eine Proportionalität zwischen der Änderung des Anodenstromes und der Gitterspannungsänderung.

Um nun diese Verstärkung messend ausnutzen zu können, müssen wir einerseits die Heizstromstärke und anderseits die passende Anodenspannung konstant erhalten, was durch genügend große Stromquellen und durch gewisse Schaltkniffe gelingt.

Aus dem prinzipiellen Schaltbild der Abb. 25 und den Überlegungen an der Hand der Kennlinie für die Beziehung zwischen Gitterspannung und Anodenstrom geht hervor, daß die Röhrenvoltmeterschaltung im wesentlichen so zu gestalten ist, daß die von der zu messenden Spannung dem Gitter aufgedrückten Potentiale an den dadurch verursachten Intensitätsänderungen des Anodenstromes bestimmbar werden. Im Laufe der Zeit wurden zu diesem Zwecke verschiedene Schaltungsmöglichkeiten ausgearbeitet, auf die im besonderen nicht eingegangen werden soll. Es seien daher die Schaltungen von GOODE (*26*), BIENFAIT (*27*), TREADWELL (*28*) und anderer hier nur erwähnt. Diesen Schaltungen haftet insofern ein Mangel an, als man keine längere Zeit hindurch anhaltende Nullpunktlage erhalten konnte, der bei rasch verlaufenden elektrometrischen Titrationen kaum stört, jedoch bei der p_H-Messung mit längerer Versuchsdauer unangenehm wird. Diesem Übelstande half TÖDT (*29*) dadurch ab, daß er zwei Röhren in einem WHEATSTONEschen Brückenkreis verwendete, eine Schaltung, die in ähnlicher Weise vor ihm schon von THRUN (*9*), im Jahre 1926, zum Patent angemeldet worden war. Dazu müssen zwei Röhren gleicher Elektronenemission und Steilheit in einer vierfach verzweigten Brücke mit zwei gleichen Widerständen symmetrisch angeordnet werden. Allerdings führen diese Schaltungen mit zwei Röhren zu weniger empfindlichen Apparaturen, während dagegen die Nullage konstant erhalten ist. Einen weiteren Vorteil bietet die Möglichkeit, alle Batterien zu vermeiden und auch mit unmittelbarem Netzanschluß arbeiten zu können.

Der größeren Empfindlichkeit wegen sind gerade für die p_H-Messungen die Einröhrenvoltmeter vorzuziehen, von deren modernen Schaltungen drei hier näher ausgeführt seien, die WULFF-BÄUMLEINsche (*9*, *29*), die von BERL, HERBERT und WAHLIG (*30*) und die von EHRHARDT (*31*).

Bei ersterer besteht das Wesentliche darin, daß das Meßinstrument nicht durch einen kompensierenden Gegenstrom stromlos gemacht wird, sondern aus dem Anodenstrom herausgenommen und in den stromlosen Kompensationskreis geschaltet ist. Im ganzen gelangen drei Batterien zur Verwendung. Die Skizze der Abb. 28 zeigt die Schaltverhältnisse auf. Darin bedeuten: *AB* Anoden-, *HB* Heiz-, *KB* Kompensationsbatterie, w_H Heiz-, w_A Anodenkreis- und w_S Schiebewiderstand und

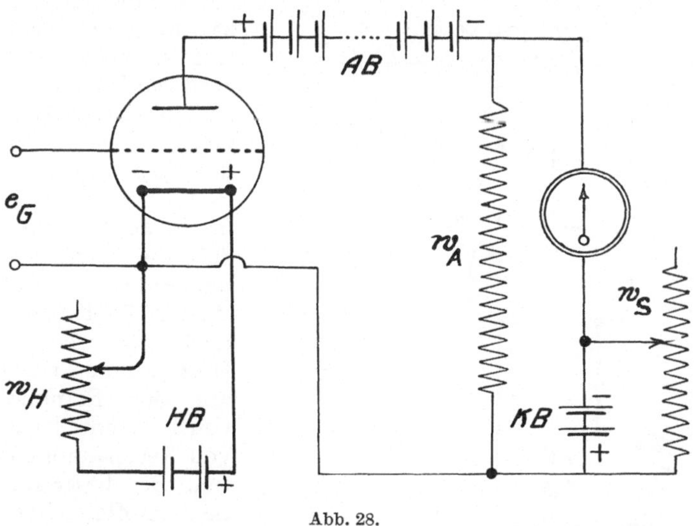

Abb. 28.

e_G die an das Gitter zu legende und zu messende Spannung. Besteht nun zwischen dem Gitter und Heizfaden kein Potential, hat der Anodenstrom einen für die betreffende Röhre unter Konstanthaltung der Heizung bestimmten Wert und erzeugt über den Widerstand w_A ein Potentialgefälle. An die Enden von w_A wird nun eine Kompensationsbatterie der Anodenbatterie *entgegen*geschaltet, wobei der Widerstand so gewählt wird, daß durch diese Kompensationsbatterie genau die *gleiche*, aber *entgegengesetzte* Spannung an die Widerstandsenden zu liegen kommt, wobei ein empfindliches Nullinstrument mit in Serie gelegt wird. Außerdem kann mit dem Schiebewiderstand die Kompensationsbatterie geschlossen werden. Sobald an das Gitter eine Spannung gelegt wird, ist die Kompensation des Anodenstromes gestört und es fließt ein sehr kleiner Strom von der Größenordnung 10^{-5} bis 10^{-7} A im Anoden- und Kompensationskreis. Bei längerem Betrieb sinkt die Spannung der Heizbatterie und zwangsläufig damit auch der Wert des Anodenstromes; gleichzeitig ändert sich das Spannungsgefälle im Anodenkreiswiderstand, die Kompensation ist gestört und das Meßinstrument zeigt einen Ausschlag. Der Nullpunkt wäre somit nicht konstant. Nun wird man über den variablen Nebenschlußwiderstand w_S die Kompensationsbatterie dauernd so stark entladen, daß das Meßinstrument seine Nullage ständig beibehält. WULFF und KORDATZKI (*29*) berichten, daß bei Verwendung einer Telefunkenröhre RE 352 mit einer Anodenbatterie von 40 V, einer Kompensationsbatterie von 10 V und einer Heizbatterie von 2 V das Auslangen vollkommen gefunden wird. Schon mit einer Heizspannung von 1 V wird bei Einschaltung eines Drehspulzeigerinstruments von der Empfindlichkeit 10^{-6} A pro Teilstrich der Skala für jedes Millivolt Spannung am Gitter ein Ausschlag von 1 Skalenteil erhalten. Das Anzeigeinstrument soll höchstens 300 Ω inneren Widerstand haben. Seine Empfindlichkeit braucht nicht allzu groß sein. Wählt man ein solhes mit Bändchenaufhängung und Zeiger mit einer durchschnittlichen Empfindlichkeit von $5 \cdot 10^{-7}$ A pro Skalenteil und verwendet die genannte Telefunkenröhre RE 352 mit einer Steilheit von 1 mA/V, reicht man schon mit einer Heizspannung von 1 V aus, um eine Empfindlichkeit von 2 Skalenteilen pro Millivolt Meßspannung zu erhalten. Bei dieser relativ hohen Empfindlichkeit dieser Meßschaltung machen sich gewisse thermoelektrische Einflüsse bereits geltend, die besonders bei einseitiger Erwärmung auftreten und Fehler bis zu 2 mV verursachen können. Diese Schaltung ist dem *Ionographen* nach WULFF und KORDATZKI zugrunde gelegt. Später kommen wir auf diese Apparatur noch zurück, da sie gerade für das Arbeiten mit Mikroelektroden große Vorteile besitzt.

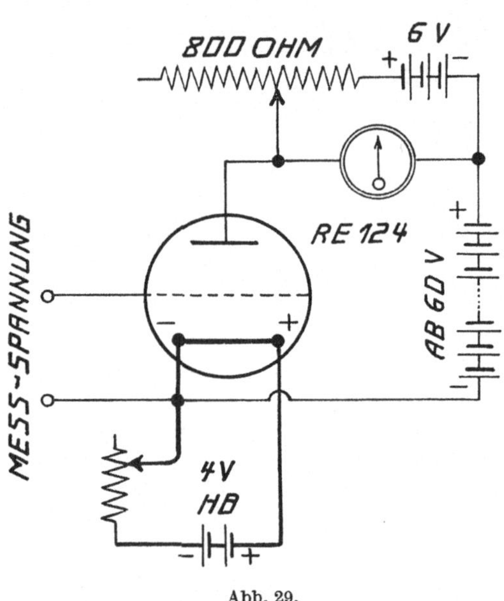

Abb. 29.

Eine ähnliche Röhrenvoltmeterschaltung mit Anwendung einer Kompensationsbatterie für den Anodenstrom stammt von EHRHARDT (*31*) und liegt dem *Triodometer* zugrunde. Sie war ursprünglich in erster Linie für die elektrometrische Oxydimetrie und Azidimetrie und die Konduktometrie gedacht und im genannten Triodometer auch für die p_H-Messung und Leitfähigkeitsbestimmung ausgearbeitet. Das Wesentliche derselben ist aus dem Schema der Abb. 29, nach EHRHARDT entworfen, zu entnehmen. Ohne Gittervorspannung wird das zu messende Potential an das negative Heizfadenende und an das Gitter gelegt, wodurch der gerade kompensierte Anodenstrom proportional der neu aufgedrückten Gitterspannung zum Fließen gebracht und der Messung durch ein Milliamperemeter zugänglich gemacht wird. Die Kompensationsbatterie hat 4 bis 6 V Spannung, die über einen Widerstand von 800 Ω bis zur Stromlosigkeit des Milliamperemeters abgegriffen wird. Die Anodenbatterie besitzt eine Spannung von 60 V. EHRHARDT empfiehlt die Verwendung der Telefunkenröhre RE 124 mit einer Steilheit von 2,2 und eines Milliamperemeters mit einem Meßbereich von 0 bis 50 mA. Auf das Triodometer wird später noch zurückgekommen.

Die von BERL (*30*) und seinen Mitarbeitern angegebene Röhrenvoltmeterschaltung ist einfacher und entbehrt eine Kompensationsbatterie, da zur Kompensation die Heizfadenspannung herangezogen wird. Die

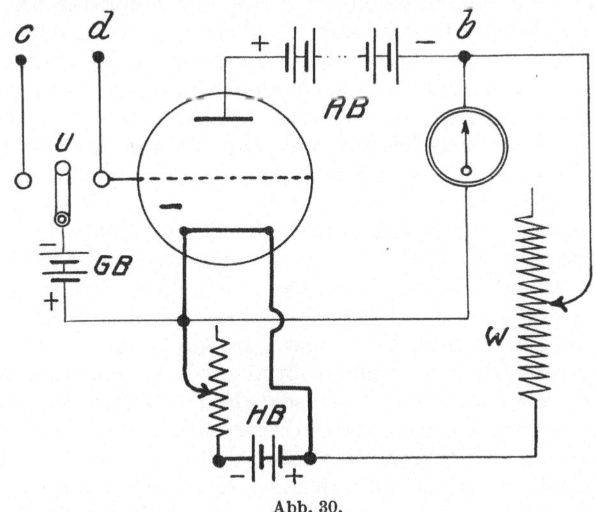

Abb. 30.

einmal eingestellte Nullpunktlage bleibt weitgehend erhalten, wenn auch die Heizspannung im Verlaufe des Betriebes zurückgeht, da damit auch ein Abklingen des Anodenstromes parallel läuft. Es wird also der Nullpunktgang durchaus günstig beeinflußt. Das Schaltschema gibt Abb. 30 wieder. Eine kleine Gitterbatterie *GB* ist der Meßkette im Anschluß an das Gitter vorgeschaltet, um ihm jedenfalls eine negative Spannung aufzudrücken. Die Gitterbatterie hat maximal 10 V. Die Vorspannung auf dem Gitter ist erforderlich, um sicher im geraden, also linear-proportionalen Teil der Röhrencharakteristik zu bleiben. Nur dort ist eine stromlose Messung möglich. Mit Hilfe des Regulierwiderstandes *W* läßt sich an den Punkt *b* eine variable Spannung legen, die zur Stromlosigkeit im Galvanometer führt, also die Herstellung seiner Nullage ermöglicht. Es werden daher nur die den bei der Messung am Gitter liegenden Spannungen proportionalen Zusatzanodenströme bestimmt. Der Widerstand *W* wird mit 800 bis 1000 Ω bemessen, die Anodenbatterie entsprechend der Empfindlichkeit des Galvanometers mit 50 bis 100 V.

Man kann zwar auch mit Netzanschlußgeräten das Röhrenvoltmeter betreiben, doch spielen dabei zahlreiche Fehlerquellen hinein, weshalb sich für genauere Messungen doch die Verwendung von Akkumulatorenbatterien empfiehlt, sofern nicht besondere Regeleinrichtungen für die Konstanthaltung der Netzspannung vorgesehen sind. Alle Röhren mit steiler Charakteristik sind verwendbar, die einen geringen Heizstrom benötigen, um bei größeren Heizakkumulatoren eine genügende Konstanz der Heizung zu erreichen. Das Meßinstrument soll keinen großen inneren Widerstand haben (jedenfalls unter 300 Ω). Verfügt man über ein sehr genaues Voltmeter mit einem Meßbereich von 1 V, so kann mit Hilfe eines Spannungsteilers (Potentiometers, S. 44) 0,058, 2·0,058, 3·0,058 V abgegriffen und unter Zuschaltung des Potentials der benutzten Bezugselektrode diese Spannungen an Stelle der Meßkette an das Gitter gelegt werden. Dabei läßt man aber das beim Abgreifen der Spannungen benutzte Voltmeter am Widerstand liegen. Die so erhaltenen Galvanometerausschläge im kompensierten Anodenkreis entsprechen 1, 2, 3 p_H, da ja 0,058 V der Spannung der Wasserstoffelektrode entspricht.

Sonst erfolgt die p_H-Eichung mit Hilfe bekannter Pufferlösungen, wobei ebenfalls zwei Messungen genügen, da ja lineare Proportionalität der Ausschläge besteht.

Die Genauigkeit der p_H-Messung mit diesem Röhrenvoltmeter liegt zwischen 0,055 und 0,1 p_H, sofern man mit normal empfindlichen Drehspulzeigerinstrumenten arbeitet. Es hat wenig Wert, für die durchschnittlichen p_H-Messungen eine größere Genauigkeit anzustreben, da durch die Beisubstanzen, wie Eiweiß, Salze usw., größere Fehler entstehen als in der Meßmethode vorliegen. Eine größtmögliche Genauigkeit ist nur dort erwünscht, wo relativ kleinste Unterschiede der Wasserstoffionenkonzentration nachgewiesen werden sollen. Unter solchen Umständen kann man durch Verwendung von hochempfindlichen Meßinstrumenten und bester Isolation aller Schaltteile die Empfindlichkeit um eine Zehnerpotenz erhöhen.

Die aufgezeigten Schaltungen werden das Prinzipielle derselben im allgemeinen dartun. Für wissenschaftliche Messungen der p_H-Werte mit höchster Genauigkeit bei größter Empfindlichkeit gehört den Röhrenvoltmetern die Zukunft, da sie absolut stromlos arbeiten und daher die Verwendung jeder Elektrode zulassen. Dies gilt in erster Linie auch für *Mikroelektroden*, deren Kleinheit sich schon bei der geringsten Stromentnahme während der Messung störend bemerkbar macht. Es muß nur die Heizstromstärke, die Anodenbatteriespannung und selbstverständlich auch die Gitterspannung, wo eine solche in Form einer besonderen Batterie verwendet wird, konstant erhalten und im Zuge des Gebrauches entsprechend kontrolliert werden. Gut durchkonstruierte Netzanschlußgeräte mit Regelung der Netzspannung sind für die p_H-Meßschaltungen sehr gut brauchbar.

C. Meßvorbereitungen.

Zu den Meßvorbereitungen gehören die Beschaffung reinster Reagenzien, die Herstellung eines zuverlässigen Normalelements und der Bezugselektroden, die Bereitung haltbarer Pufferlösungen für Kontrollzwecke und die Auswahl der erforderlichen richtigen Schaltbehelfe. Man soll stets einwandfreie Normalien für die Eichungen in Bereitschaft haben, die von verläßlichen Firmen in guter Ausführung erhältlich sind. Sie sollen aber keinesfalls zum täglichen Gebrauch dienen und lediglich zur Kontrolle der selbsthergestellten Gebrauchsnormalien Verwendung finden.

1. Die Reagenzien.

Als *Lösungsmittel* wird stets *destilliertes Wasser* verwendet, das zwar im Laboratorium vorrätig sein muß, doch nicht allzu lange aufbewahrt sein darf. Daher ist die öftere Herstellung desselben zweckmäßig. Eine sehr leistungsfähige und dabei automatisch arbeitende Einrichtung hierfür ist der „selbsttätige Wasserdestillationsapparat nach STADLER", hergestellt von den Glaswerken Schott u. Gen. in Jena.

Für besondere Zwecke, wie Zubereitung von Bezugs- und Standardlösungen usw., benutzt man sogenanntes *„redestilliertes Wasser"*. Bei der Gewinnung dieses reinsten Wassers geht man vom destillierten Wasser des Laboratoriums aus. Die Destillationseinrichtung besteht aus dem *Kühlrohr* aus undurchsichtigem *Quarz*, dessen schräg absteigender Ast ca. 60 cm lang ist, während der durch einen gebohrten Kautschukstopfen in den Hals des etwa 2 l fassenden Destillierkolbens hineinragende Teil des Kühlrohres etwa 15 cm mißt. Davon müssen in den Kolbenhals mindestens 4 cm frei hineinstehen. Als Vorlage dient ein Jenaer Rundkolben, der mit einer losen Wattepackung über das freie Ende des Kühlrohres gestülpt wird. Vorlage und Vorratsflaschen aus Jenaer Glas sind vor dem Gebrauch mit Chromschwefelsäure heiß zu reinigen. Das *Chromschwefelsäuregemisch* besteht aus einer 3%igen Lösung von $K_2Cr_2O_7$ in 10%iger H_2SO_4. Nach guter Spülung mit Wasser und destilliertem Wasser und nachfolgender staubfreier Trocknung werden die Gefäße gedämpft und nach abermaliger rascher Trocknung in der Wärme sogleich in Gebrauch genommen. Beim Destillieren läßt man etwa 5 Minuten lang Wasser abtropfen und fängt erst das weitere Destillat in der angegebenen Weise auf. Um organische flüchtige Verunreinigungen des gewöhnlichen destillierten Wassers bei der Redestillation unschädlich zu machen, versetzt man das Destillationsgut mit $^1/_2$% Kaliumpermanganat und $^1/_2$% KOH und läßt es vor der Destillation mindestens 12 Stunden stehen. Um neuerliche Verunreinigungen des redestillierten Wassers bei der Aufbewahrung zu vermeiden, stelle man keine größeren Vorräte davon her, benutze also nur wenige Tage altes Wasser. Geringe Spuren von CO_2, wie sie trotz sorgfältiger Aufbewahrung unter einem Natronkalkrohr-Verschluß unvermeidlich sind, beeinträchtigen für unsere Zwecke die Brauchbarkeit nicht.

Das für das Westonelement und die Kalomelbezugselektrode erforderliche *Quecksilber* muß sehr rein sein und darf keinesfalls Edelmetalle enthalten. Es empfiehlt sich die Verwendung des von den großen chemischen Fabriken als garantiert rein für analytische Zwecke gelieferten Hg, da die beim gewöhnlichen Quecksilber erforderliche Reinigung durch Destillation umständlich ist. Öfter umgefülltes reinstes Quecksilber überzieht sich mit einem fettigen Hauch, der ebenfalls entfernt werden muß. Nach

Mislowitzer (*1*) bringt man zu diesem Zwecke das Hg in einem Schütteltrichter mit einem starken Überschuß des früher angegebenen Chromschwefelsäuregemisches zusammen, schüttelt 5 Minuten lang kräftig durch und läßt ebensolange absitzen. Dann entleert man durch den Hahn des Trichters das Hg, reinigt den Trichter und schüttelt noch achtmal mit destilliertem und hierauf zweimal mit redestilliertem Wasser aus. Das so gewaschene Hg wird nunmehr mit nicht faserndem Hartfilterpapier getrocknet. Beimengungen fremder Metalle, mit Ausnahme von Edelmetallen, kann man durch Ausschütteln des Hg mit einer 5%igen Merkuronitratlösung in 0,5%iger HNO_3 entfernen. Die Lösung ist stets so anzufertigen, daß das $Hg_2(NO_3)_2$, eine an der Luft leicht zerfließliche Verbindung, in die verdünnte HNO_3 eingetragen wird. Die Lösung ist nur unter Beigabe einer kleinen Menge von reinem Hg einige Zeit haltbar, da ohne dieses das Merkurosalz sich unter der Einwirkung des Luftsauerstoffes in die Merkuriverbindung $Hg(NO_3)_2$ umsetzt.[1] Die Ausschüttelung mit Merkuronitrat soll etwa 10 Minuten lang erfolgen. Die weitere Waschung geschieht in der gleichen Weise wie nach der Chromsäurebehandlung.

Für die Herstellung der Kalomelbezugselektrode ist reines *Kalomel*, also Quecksilberchlorür oder Merkurochlorid, erforderlich, wie es von Merck oder Kahlbaum zu erhalten ist. Besonders wichtig ist die *Abwesenheit* von *Eisen* im Kalomel. Deshalb empfiehlt sich die Vornahme folgender mikrochemischer Prüfung des Präparats auf Eisen: Eine kleine Menge des zu prüfenden Kalomels wird in einer kleinen Proberöhre mit 5%iger HNO_3 ca. 10 Minuten lang kräftig geschüttelt und absitzen gelassen. Von der über dem abgesetzten Kalomel stehenden klaren Flüssigkeit entnimmt man mit einer Kapillare einen Tropfen, bringt ihn auf einen gereinigten Objektträger und dampft ihn vorsichtig und langsam ein. Dann bringt man auf den Rückstand einen neuen Tropfen, dampft ihn wieder ein und fährt so fort, bis etwa 1 ccm verbraucht ist. Auf den so erhaltenen Trockenrückstand bringt man dann mit Hilfe eines dünnen Glasstäbchens einen kleinen Tropfen von einer mit HCl angesäuerten 1%igen Ferrocyankaliumlösung. Es darf nicht die Spur einer Berlinerblaufärbung auftreten. Selbst in eine 1 cm lange Kapillare eingesaugt und dann axial im durchfallenden Licht betrachtet, darf sich keine Färbung zeigen. Da sowohl die HCl als auch die HNO_3 häufig Spuren von Eisen enthalten, ist mit diesen Reagenzien vorher ein Blindversuch anzustellen, der bei der Brauchbarkeit derselben negativ ausfällt.

Beim *Merkurosulfat* für die Herstellung der Paste des Kadmiumelements ist neben der Reinheit auf die *Korngröße* zu achten; jedenfalls

[1] Vielfach findet man die Angabe, erst der wässerigen Lösung des Merkuronitrats einige Tropfen HNO_3 zuzusetzen. Auf diese Weise erhält man keine Merkuronitratlösung, da es bei der Berührung mit Wasser sofort in die gelb gefärbte basische Verbindung $Hg\begin{matrix}\diagup OH \\ \diagdown NO_3\end{matrix}$ übergeht, die unlöslich ist.

soll es grobkörnig sein. Ein besonders brauchbares und gleichmäßiges Präparat liefert die chemische Fabrik de Haen in Seelze bei Hannover.

Die übrigen für die Herstellung des Normalelements, der Bezugselektrode und der Pufferlösungen erforderlichen Chemikalien sind in entsprechend reiner Form im Handel erhältlich. Nur beim *Kadmium* ist stets eine Prüfung auf *Zink* angebracht, da letztere Verunreinigung ein höheres Potential des Kadmiumelements zur Folge hat. Nach MYLIUS und FUNK (*32*) prüft man auf Zn dadurch, daß man das Kadmium in einem offenen Porzellantiegel schmilzt und dann die dabei entstandene Oxydschicht mit einem Glasstab durchbricht. Hat das Cd einen größeren Gehalt an Zn als 0,01%, entstehen *keine* farbigen Oxydringe.

Für die Wasserstoffelektrode ist reiner *Wasserstoff* notwendig. Die Wasserstoffgewinnung kann entweder auf *chemischem* oder *elektrolytischem* Wege erfolgen.

Im ersteren Falle benutzt man dazu einen KIPPschen Apparat mit mindestens 2 l Kugelinhalt. Die mittlere Kugel wird zu einem Drittel mit granuliertem Zink gefüllt. Man kann auch das etwas billigere Stangenzink verwenden. Dann füllt man bei offenem Hahn verdünnte H_2SO_4 (4 Teile Wasser + 1 Teil reine H_2SO_4) so lange ein, bis der Säurestand das Zink erreicht. Dann schließt man den Hahn und füllt weiter Säure ein, bis die oberste Kugel bis etwa zu einem Drittel voll ist. Wenn nun der Hahn des Kipp geöffnet wird, entwickelt sich ein Wasserstoffstrom. Der mit gewöhnlichem Zink erhaltene Wasserstoff enthält meist folgende Verunreinigungen: Schwefelwasserstoff, Kohlenoxyd, Kohlendioxyd, Kohlenwasserstoffe und Arsen- und Antimonwasserstoff. Diese Verunreinigungen entfernt man durch Absorption in vier Stufen (*33*). Die erste Waschflasche enthält eine alkalische Bleilösung (19 g Bleiazetat in 100 g H_2O + 11,2 g KOH in 100 H_2O), die den H_2S aufnimmt, die zweite eine 2%ige $AgNO_3$-Lösung zur Entfernung des AsH_3 und SbH_3 und die dritte eine warm gesättigte Lösung von $KMnO_4$ in H_2O, mit H_2SO_4 angesäuert, um die organischen Verbindungen zu zerstören. Die vierte Waschflasche enthält eine starke KOH (1 : 5 H_2O), um die CO_2 zurückzuhalten. Eine Trocknung des Gases ist für unsere Zwecke überflüssig.

Nachdem der Gasstrom einige Zeit gegangen ist, prüft man den ausströmenden Wasserstoff auf Abwesenheit von Luft, indem man das Gas in eine Proberöhre füllt und anzündet. Wenn kein Luftsauerstoff im Gas vorhanden ist, brennt es ruhig ab. Sonst entsteht ein Knall. Im letzteren Fall muß der Gasstrom noch weiter unterhalten werden.

Man kann auch unmittelbar dadurch reinen Wasserstoff erhalten, daß man reines, arsenfreies Zink mit reiner verdünnter Schwefelsäure zersetzen läßt. Dann muß man aber eine geringe Menge von Platinchlorid zusetzen, damit das sehr schwer angreifbare reine Zink mit der H_2SO_4 genügend rasch reagiert.

MISLOWITZER (*1*) begnügt sich für die gewöhnlichen p_H-Messungen mit einem Wasserstoff aus dem Kippapparat, der drei Waschflaschen in folgender Reihung passiert: 1. 10% KOH, 2. 2% $HgCl_2$ + 0,5% NaCl (im Dunkeln) und 3. 5% $KMnO_4$. Für völlige Reinigung leitet er diesen vorgereinigten Wasserstoff über glühenden Pt-Asbest und zum Schluß durch eine Waschflasche mit 10%iger KOH.

Elektrolytisch gewinnt man den Wasserstoff in eigens dafür hergestellten Entwicklern, welche mit 10- bis 20%iger NaOH gefüllt werden und Elektroden aus Eisen, Kohle oder am besten Nickel enthalten. Betrieben werden diese Wasserzersetzungsapparate mit Gleichstrom, dessen negativer Pol mit jener Elektrode verbunden wird, an der H gebildet werden soll. Mit einer Spannung von 6 bis 12 V reicht man aus. Man kann für diese Zwecke kleine *Kupferoxydgleichrichter* verwenden, die an Wechselstrom gelegt werden. Die meisten dieser Apparaturen arbeiten so, daß das Gas unter einem Druck von etwa 15 bis 20 cm Flüssigkeit ausströmt, wobei man die Bildung des Gases durch regulierbare Vorschaltwiderstände so regeln kann, daß sich Verbrauch und Erzeugung die Waage halten. Bei dem von KORDATZKI (*9*) angegebenen H-Entwickler entweicht der Überschuß des erzeugten Gases durch ein besonderes Ventilrohr. CATHVARTH (*32*) beschreibt eine andere Glockenapparatur. Überall findet man den Hinweis, daß beim Ausbrauchen der Gasglocke das Laugenniveau nicht unter die Anode sinken soll, um Funkenbildung zu vermeiden, eine Vorsicht, die überflüssig erscheint.

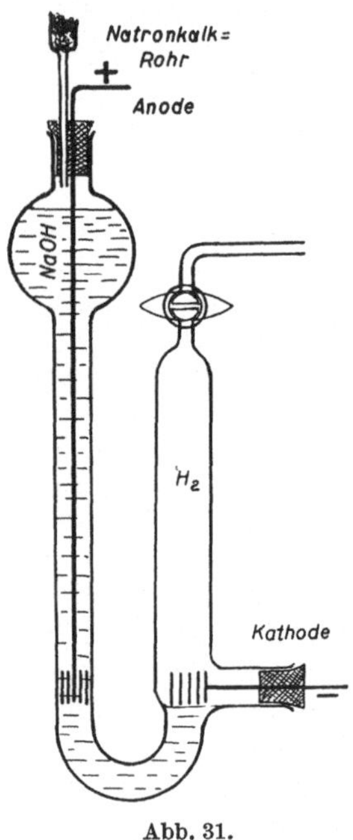

Abb. 31.

Im Institute des Verfassers wird eine automatische Elektrolysengarnitur zur Wasserstoffgewinnung benutzt, die kurz beschrieben sei und in Abb. 31 schematisch wiedergegeben ist. Sie besteht aus einem U-Rohr mit Kugel- und Zylinderansatz, letzterer zur Aufnahme des H bestimmt und mit einem seitlichen Ansatz zur Anbringung der negativen Nickelelektrode versehen. Der Rauminhalt dieses Zylinders vom Glashahn bis zum unteren Elektrodenende ist gleich dem Kugelinhalt. Die Entfernung Glashahn—Kathode beträgt etwa 30 cm. Die Kugel ist mit einem Kautschukstopfen verschlossen, der eine Bohrung für den Durchtritt der Stromzuführung und eine zweite zur Aufnahme eines Natronkalkrohres besitzt. Bei geschlossenem Hahn wird der Apparat mit 20%iger NaOH bis zu drei Viertel der Kugel gefüllt, der Verschluß hergestellt und das Natronkalkrohr eingesetzt. Nun wird der Glashahn vorsichtig geöffnet. Der Zylinder füllt sich bis zum Hahn, dessen Bohrung inbegriffen, mit der Lauge. Nun schließt man den Glashahn und legt den Apparat an die Gleichstromquelle. Es tritt sofort intensive Gasentwicklung ein, die so lange anhält, als die Kathode eintaucht. Nun schaltet sich die Stromzufuhr automatisch aus und setzt erst wieder ein, wenn Gas entnommen und dabei das Laugenniveau bis zur Benetzung der Kathode steigt. So kann nie ein Überdruck entstehen. Das Natronkalkrohr entzieht der beim Gasausströmen in die Kugel eintretenden Luft die CO_2, die sonst allmählich die Lauge verändern würde. So reicht eine Laugenfüllung für unbeschränkte Zeit, da das NaOH nicht verändert wird. Nur das verbrauchte H_2O ist zu ersetzen.

Der elektrolytisch gewonnene Wasserstoff enthält stets geringe Mengen Sauerstoff. Man leitet daher solchen Wasserstoff vor der Einführung zur Wasserstoffelektrode über *Palladiumasbest*, der auf 400° erhitzt ist. Er befindet sich in loser Packung in einer Länge von etwa 20 cm in einem Verbrennungsrohr, das am einfachsten in einem elektrischen Röhrenofen erhitzt wird, dessen Temperatur sehr leicht reguliert werden kann.

Schließlich kann man auch Wasserstoff verwenden, der in *Stahlflaschen* komprimiert im Handel erhältlich ist. Er ist ebenfalls verunreinigt und enthält neben Sauerstoff noch etwas Stickstoff, der nur sehr schwierig daraus zu entfernen ist. Die Entnahme aus den Stahlflaschen muß stets über ein „Druckreduzierventil" erfolgen, um Schlauchzerreißungen und Zertrümmerungen von Waschgefäßen zu vermeiden. Es empfiehlt sich überhaupt nicht, Apparaturen unmittelbar mit Flaschenwasserstoff zu versorgen, sondern es ist zweckmäßiger, ihn zuerst in *Gasometer* überzuführen und ihn von dort weg zu den Versuchen zu verwenden, zumal heute einfache Glasgasometer erzeugt werden, die mit konstantem Druck arbeiten. Es sei hier auf den *Präzisionsgasometer*[1] nach Dr. HOHL (*125*) verwiesen, der die Gasentnahme unter jedem zwischen 25 und 70 cm Wasserdruck gelegenen *konstanten* Druck gestattet und im Gebrauch sehr handlich ist.

Beim Arbeiten mit Wasserstoff sind besonders gute Schlauchverbindungen derart zu schaffen, daß sich die zu verbindenden möglichst gleichweiten Glasrohrenden berühren. Wir überziehen die Kautschukschlauchverbindungsstücke noch mit einem Cellonlack, um Diffusionen weitgehendst einzuschränken.

In manchen Fällen bietet eine inerte Atmosphäre Vorteile, die am besten durch Verwendung reinen *Stickstoffes* erreicht wird. Hierzu verwendet man zweckmäßig Preßstickstoff aus Stahlflaschen, den man vorgereinigt in einen Gasometer überfüllt. Die Vorreinigung geschieht durch die alkalische Hydrosulfitlösung nach KAUTZKY-THIELE, um die Hauptmenge des stets beigemengten Sauerstoffes zu entfernen. Die Hydrosulfitlösung stellt man in der Weise her, daß in einem Literkolben unter Durchleiten von gewöhnlichem Stickstoff in 600 ccm destillierten Wassers, das mit KOH schwach alkalisch gemacht worden ist, 200 g Natriumhydrosulfit ($Na_2S_2O_4$) portionenweise zugesetzt unter Schütteln kalt gelöst wird. Dabei ist darauf zu achten, daß sich keine Verklumpungen am Boden des Kolbens bilden. Nun setzt man 200 g in sehr wenig Wasser gelöstes KOH *kalt* zu und läßt die Mischung gut verschlossen 24 Stunden lang stehen. Ungelöstes Salz hat sich in dieser Zeit restlos abgesetzt. Die klare Lösung kommt dann in hoher Schicht in das Absorptionsgefäß. Um den Stickstoff in möglichst kleinen Perlen durch die Absorptionslösung treten zu lassen, benutzt man Gefäße, bei denen das Gas unter einem Druck von 2 bis 3/10 at durch Glasfritter in

[1] Hergestellt von den Werkstätten Paul Haack in Wien IX, Garelligasse 4.

die Flüssigkeit getrieben wird. Mit dem so vorgereinigten Stickstoff beschickt man den Vorratsgasometer. Zum Gebrauch leitet man den Stickstoff in langsamem Strom über frisch reduzierte glühende *Kupferspäne*, die in mindestens 20 cm langer Schicht in einem Verbrennungsrohr liegen.

2. Herstellung des Normalelementes.

Für den täglichen Gebrauch stellt man sich ein *Westonelement* mit gesättigtem Kadmiumsulfat und Kadmiumsulfatkristallen her. Das Elementgefäß von H-förmiger Gestalt aus Jenaer Glas besitzt für jeden Schenkel einen eingeschmolzenen Platinkontakt von 0,5 mm Durchmesser. Es ist darauf zu achten, daß zum Einschmelzen der Kontakte *keine* stark bleihaltigen Einschmelzgläser verwendet werden. Aus Abb. 32, die zwar das fertige Element darstellt, ist die Glasform zu erkennen. Die Wiedergabe entspricht $^2/_3$ der natürlichen Größe. Das Gefäß wird vor der Füllung 24 Stunden hindurch mit Chromschwefelsäure gefüllt stehen gelassen, gespült und vollkommen getrocknet. In den einen Schenkel füllt man reinstes trockenes Hg so weit ein, daß der vorstehende Platindraht etwa 4 bis 5 mm davon bedeckt ist. In den anderen Schenkel kommt gleich viel *Kadmiumamalgam.* Man bereitet es durch Zusammenschmelzen von reinem Kadmium und Hg im Verhältnis 1 : 7 bis 8 in einer kurzen Proberöhre aus Jenaer Glas. Bei 100° ist das Amalgam dünnflüssig und wird in diesem Zustand mit Hilfe eines vorgewärmten Trichterchens in den ebenfalls vorgewärmten Schenkel eingegossen, wo es abgekühlt die Konsistenz eines dicken Breies annimmt.

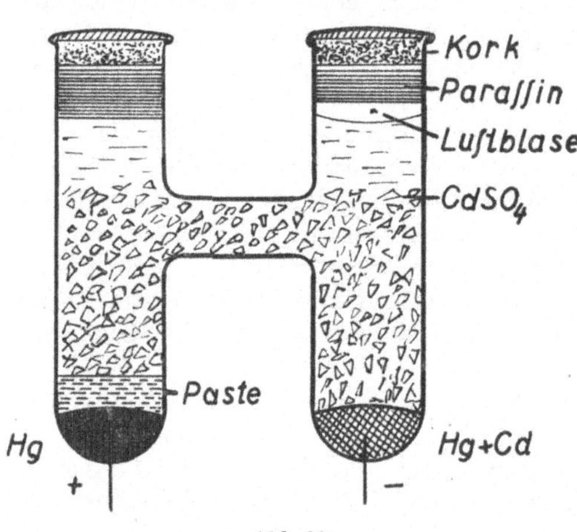

Abb. 32.

Nunmehr wird eine gesättigte Lösung reinsten Kadmiumsulfats ($3\,CdSO_4 + 8\,H_2O$) dadurch hergestellt, daß man in einer Reibschale kristallisiertes Kadmiumsulfat ca. $^1/_2$ Stunde lang in wenig redestilliertem Wasser verreibt und nach Absitzen der überschüssigen Kristalle die klare Lösung abgießt. Ein Teil H_2O vermag bei Zimmertemperatur etwa einen Teil Salz zu lösen, weshalb man auf 25 g Salz etwa 20 ccm H_2O nimmt.

Mit einem Teil der gesättigten Kadmiumsulfatlösung wäscht man nun eine kleine Menge (etwa 2 g) *Merkurosulfat* mit einem Zusatz eines kleinen Kügelchens Hg unter Verreiben gut aus und läßt absitzen. Die klare Waschflüssigkeit gießt man ab und wiederholt diese Waschung achtmal. Dadurch entfernt man alle löslichen Verunreinigungen des Merkurosulfats, insbesondere vorhandenes Merkurisulfat. Nach der letzten Waschung läßt man etwas länger absitzen und entfernt durch vorsichtiges Abtropfen so weit die Kadmiumsulfatlösung, daß eine weiche, pastöse Masse übrigbleibt, die in einer 4 bis 8 mm dicken Schicht auf das Quecksilber aufgetragen wird. Dickere Schichten dieser Paste sind deshalb unangebracht, weil dadurch der innere Widerstand des Elements zu sehr erhöht wird. Hierauf füllt man vorsichtig in beide Schenkel und in das Verbindungsrohr kleinerbsengroße Kristalle von Kadmiumsulfat und dann die konzentrierte Kadmiumsulfatlösung etwa 1,5 cm über das Verbindungsrohr reichend ein. Der Teil der Innenwand der Schenkel über der Lösung wird nun sorgfältig getrocknet und zuerst ein Schenkel mit geschmolzenem Paraffin (ca. 50° Schmelzpunkt) bis 5 mm unter den Glasrand vergossen. Durch vorsichtiges Neigen nach dem Erstarren des aufgegossenen Paraffins wird unter den Paraffindeckel eine Luftblase gebracht und dann der zweite Schenkel ebenfalls vergossen. Die Luftblase hat den Zweck, als elastischer Polster bei Erwärmungen des Elements der Ausdehnung des Inhaltes entgegenzuwirken und dadurch ein Zerspringen des Verschlusses oder Glases zu verhindern. Über die Paraffinschicht kommen Korke, die mit dem Glasrand eben abgeschnitten und mit Siegellack überkleidet werden. Nun ist das Element fertig. In dieser Form darf es weder geschüttelt noch stark geneigt oder gestürzt werden.

Wir montieren unsere Elemente in lotrechter Stellung auf passende Ebonit- oder Holzsockel, letztere mit Paraffin durchtränkt. Die Platinkontakte werden durch angelötete Kupferdrähte verlängert und mit zwei ebenfalls auf Hartgummi befestigten Klemmschrauben verbunden. Die Verwendung hochisolierender Unterlagsstoffe ist unbedingt notwendig, wenn die Kadmiumelemente die Spannung Jahre hindurch konstant halten sollen. Vor anderen Materialien, wie Natur- und Kunstschiefer, Marmor, nicht paraffiniertes Holz usw., sei nachdrücklichst gewarnt. Darauf montierte Elemente verderben innerhalb kurzer Zeit, da die dauernden Kriechströme eine Polarisation herbeiführen. Wenn sich im Laufe der Zeit die Schicht aus Merkurosulfat schwarz verfärbt, stört dies die Wirkung der Elemente nicht.

Nach 24stündigem Stehen hat sich bei Verwendung reinster Reagenzien und gelungener Herstellung die endgültige Spannung des Kadmiumelements eingestellt, die durch Gegenschaltung zu einem Standard-Normal-Weston-Element zu prüfen ist. Wie schon früher gesagt, ist dieses Element sehr wenig temperaturempfindlich. Seine Spannung beträgt zwischen 0 und 10° 1,0189, 15° 1,0188, 20° 1,0186, 25° 1,0184 und 30° 1,0181 internat. Volt. Den *positiven Pol* bildet die Elektrode des Quecksilbers mit der Paste. Weicht die Spannung des hergestellten Elements um höchstens $\pm$ 0,002 V ab, so ist es brauchbar, sobald seine Spannung konstant ist. Natürlich muß diese Abweichung stets in Rechnung gezogen werden. Für kurze Zeit beträgt die zulässige Stromentnahme aus einem Kadmiumelement höchstens 0,1 mA. Eine größere Stromentnahme führt zu einer sehr lange dauernden Spannungsabnahme des Elements, die sich erst nach mehrere Wochen langem Stehen wieder ausgleicht.

3. Die Kalomel-Bezugselektrode.

Wenn man auch mit improvisierten Kalomelelektroden zur Not das Auslangen finden kann, so ist doch eine bewährte, stets gebrauchsfertige Type vorzuziehen, wie sie in ihrer Herstellungsweise im folgenden beschrieben wird. Das fertige Glasgefäß in der Ausführung nach MICHAELIS ist im Handel erhältlich. Verfasser benutzt seit Jahren ein etwas verkleinertes Gefäß aus Jenaer Glas,[1] dessen Aussehen aus der Abb. 33 zu ersehen ist. Die damit hergestellte Bezugselektrode ist seit Jahren in Gebrauch, ohne sich in ihrem Werte geändert zu haben. Die folgenden Angaben beziehen sich auf die Zubereitung der *gesättigten Kalomelelektrode*.

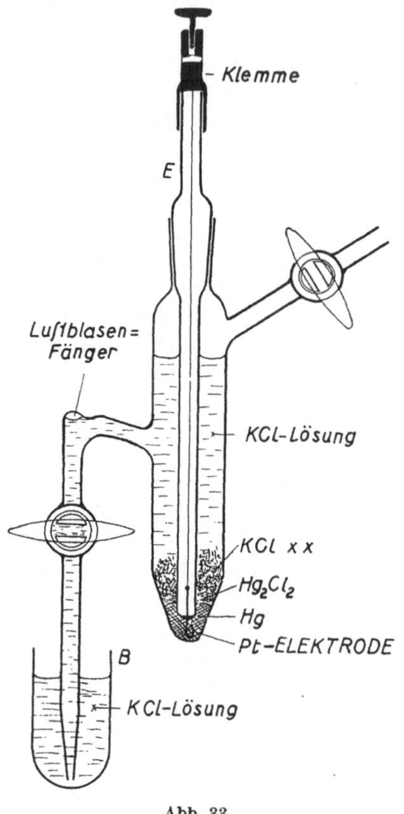

Abb. 33.

Das Glasgefäß wird mit Chromschwefelsäure in der auf S. 69 angegebenen Weise gereinigt und dann getrocknet. Nunmehr werden die beiden Glashähne leicht gefettet. Von einigen Seiten wird empfohlen, den das zur Strombrücke führende Röhrchen sperrenden Hahn *nicht* zu fetten, um auch bei geschlossenem Hahn den Stromübertritt zu ermöglichen. Eine gesättigte KCl-Lösung besitzt aber eine große Neigung, zwischen den Hahnschliffflächen zu kriechen und Kristalle abzuscheiden, was schließlich zu einem Festsitzen des Hahnes führt. Deshalb ziehen wir die Fettung dieses Hahnes vor, die niemals einen Nachteil hatte.

Zur Füllung benötigt man eine gesättigte Lösung von Kaliumchlorid (KCl), reinstes Kalomel (Hg_2Cl_2) und reinstes Quecksilber (siehe S. 69). Zur Herstellung der „*gesättigten KCl-Lösung*" trägt man in siedendes redestilliertes Wasser so viel reinstes Kaliumchlorid ein, als sich zu lösen vermag. Für je 100 ccm H_2O genügen ca. 40 g des Salzes, um beim Erkalten der Lösung reichlich Kriställchen zur Ausscheidung zu bringen. Dann stellt man die *KCl-Kalomellösung* in der Weise her, daß man 50 ccm von der zimmerwarmen gesättigten KCl-Lösung mit ca. 2 g Hg_2Cl_2 zwei Stunden hindurch im Schüttelapparat kräftig rüttelt. Ohne Schüttelapparat braucht man bei oftmaligem Umschütteln mit der Hand zur Erreichung der Sättigung ca. 12 Stunden.

[1] Nach den Angaben des Verfassers von der Firma Paul Haack in Wien IX, Garelligasse 4, hergestellt.

Um nun einen möglichst innigen Kontakt zwischen dem metallischen Hg und der Ableitelektrode aus Platin dauernd zu gewährleisten, wird dieselbe *elektrolytisch* mit Hg *amalgamiert*. Als Amalgamierungsflüssigkeit dient eine 1%ige Lösung von Merkuronitrat in 1% HNO_3, deren Bereitung bei der Schwerlöslichkeit des Salzes ca. 12 Stunden erfordert. Im Dunkeln aufbewahrt, ist die Merkuronitratlösung haltbar, sofern man ein kleines Kügelchen metallischen Hg hineinbringt. Zur Amalgamierung verwenden wir ein Aggregat von Gefäßen, wie es Abb. 34 erkennen läßt. Auf einem gemeinsamen Grundbrett *B* befindet sich die Metalleiste *A* mit der Klemme *C*, die *stets* an den +-*Pol* (*Anode*) der Stromquelle zu legen ist, und mit einer Reihe von federnden Hülsen *G*, in die die Fassungen *F* von kleinen Glaszylindern passen. In der Abbildung sind nur zwei davon eingezeichnet. Die Fassungen stehen mit den eingeschmolzenen Platinkontakten dieser Zylinder in Verbindung. Die Gefäße sind 55 mm hoch und messen außen 14 mm im Durchmesser. Zur Füllung benötigt man 5 ccm Elektrolytflüssigkeit. Man arbeitet demnach sehr sparsam. Der obere Rand trägt einen 10 mm breiten konischen Außenschliff, auf den eine Glaskappe paßt. Beim häufigen Gebrauch erspart man sich das jedesmalige Füllen, weil man den Inhalt durch den Kappenverschluß vor Verdunstung und Verstauben schützt. Grundsätzlich soll man überhaupt für einen bestimmten Elektrolyten immer dasselbe Gefäßchen benutzen, weshalb die Aufschrift Hg, Pt, Au, H_2SO_4 usw. eingebrannt ist.

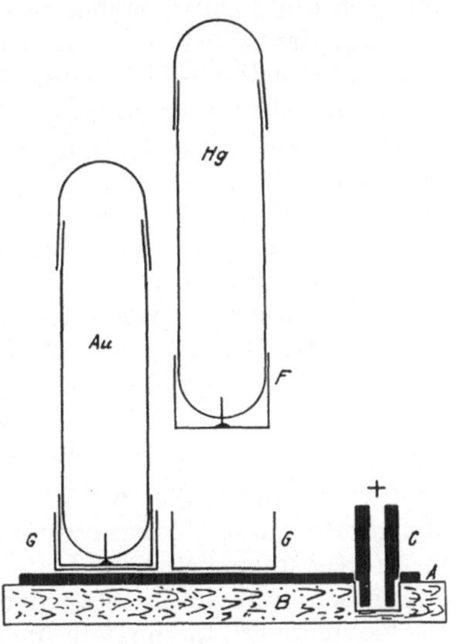

Abb. 34.

Beim Amalgamieren von Platinelektroden mit Hg wird also stets das Hg-Gefäß benutzt und mit der oben geschilderten Merkuronitratlösung 3 cm hoch gefüllt. Die Steckbüchse oder Klemme *C* verbindet man mit dem +-Pol einer Akkumulatorenzelle, während deren *negativer* Pol mit der Klemme der Bezugselektrode *E* (Abb. 33) zusammengeschlossen wird. Nun taucht man sie mit dem Platindraht in die Elektrolytlösung eine Minute lang ein, wobei sich keine starke Gasentwicklung zeigen darf. Der vorher glänzend blanke Elektrodendraht wird mattgrau. Die so amalgamierte Elektrode wäscht man mit destilliertem Wasser, saugt ohne zu scheuern die Feuchtigkeit mit Filtrierpapier ab und läßt nun lufttrocken werden.

Nunmehr füllt man in das trockene Elementgefäß mit Hilfe eines kleinen Trichters, der ein in der Mitte mit einem Nadelloch versehenes, nicht faserndes Hartfilter trägt, so weit reines Hg ein, daß die Einschmelzstelle der eingesetzten Ableitungselektrode 5 bis 7 mm überragt wird. Jetzt wird der Schliff des Elektrodenhälters (*E* der Abb. 33) mit Hahnfett geschmiert und die Elektrode endgültig eingesetzt. Durch Ansaugen beim Rohre des geöffneten oberen Hahnes zieht man durch das abwärts gekrümmte Stromverbindungsröhrchen von der gut aufgeschüttelten Kalomel-Kaliumchlorid-Lösung so viel in das Elektrodengefäß, daß die trübe Flüssigkeit etwa 15 mm über dem Hg-Spiegel steht. Nachdem sich das Kalomel gleichmäßig auf die Quecksilberoberfläche abgesetzt und sich die darüber stehende Flüssigkeit vollkommen geklärt hat, saugt man auf demselben Weg bis 1 cm unter den oberen Rohransatz bei 70° gesättigte, heiße KCl-Lösung rasch ein. Augenblicklich geht man dann mit dem Stromverbindungsröhrchen in eine bei Zimmertemperatur gesättigte kalte KCl-Lösung und saugt davon etwas nach, um die heiß gesättigte Lösung aus dem Röhrchen zu spülen und Kristallabscheidungen in ihm beim Erkalten zu verhindern. Dann schließt man beide Hähne, wie in der Abb. 33 ersichtlich, und befestigt das Halbelement, mit seinem Stromverbindungsrohr in ein Gefäß (*B*) mit gesättigter KCl-Lösung tauchend, in einem passenden Stativ.

Nach 24 Stunden ist die Bezugselektrode gebrauchsfertig. Die *gesättigte Kalomelelektrode* soll bei 25° C ein *Potential* von 0,5266 V besitzen.

4. Standard-Pufferlösungen.

Für die ständige Kontrolle des einwandfreien Arbeitens der Elektroden, Meßgeräte und Meßanordnungen bilden Puffergemische bekannten p_H-Wertes unentbehrliche Hilfsmittel. Zahlreiche Puffergemische wurden angegeben, auf die im besonderen einzugehen zu weit führen würde. Es soll vielmehr eine kleine Reihe möglichst temperaturunempfindlicher Pufferlösungen als „Standardpuffer" in ihrer Herstellungsweise angeführt werden.

Die Lösungen müssen mit genau gewogenen Mengen reinster, womöglich speziell dafür bereiteter Reagenzien in redestilliertem und kohlensäurefreiem Wasser hergestellt werden. Sie sind vor CO_2-Aufnahme durch vorgelegten Natronkalk bei der Aufbewahrung zu schützen. Bei häufigem Gebrauch eignen sich hierzu WOULFFsche Flaschen, in die durch Luftdruck auffüllbare Büretten eingesetzt sind. Man stellt sich Stammlösungen her, deren Gemische alle praktisch vorkommenden p_H-Werte umfassen. Für die wichtigsten Pufferlösungen nach SÖRENSEN sind folgende Lösungen erforderlich:

1. m/10 Salzsäure (3,647 g HCl im Liter).
2. m/10 Natronlauge, karbonatfrei (4,001 g NaOH im Liter).
3. m/10 Glykokoll (SÖRENSEN) in m/10 Kochsalzlösung (7,505 g $NH_2CH_2 \cdot COOH$ + 5,85 g NaCl im Liter).
4. m/15 Kaliumphosphat primär (9,078 g KH_2PO_4 im Liter).
5. m/15 Natriumphosphat sekundär (11,876 g $Na_2HPO_4 + 2\,H_2O$ im Liter).
6. m/10 Natriumzitrat sekundär (21,008 g kristallisierte Zitronensäure in 200 ccm m/1 NaOH kohlensäurefrei, auf 1 Liter aufgefüllt).

In Tab. 15 sind die Beziehungen zwischen dem variablen SÖRENSENschen Glykokoll-Salzsäure- und Glykokoll-Laugen-Gemisch und den dabei auftretenden p_H-Werten unter Berücksichtigung der Temperatur zusammengestellt. Die Angaben sind MISLOWITZERS (*1*) Tab. 4 entnommen und umfassen den p_H-Bereich 8,58 bis 12,97 bei 18°.

Tabelle 15. Glykokoll-Natronlauge-Gemische von SÖRENSEN nach WALBUM.

Gemisch von		p_H-Wert bei °C											
m/10 Glykokoll-Lösung ccm	m/10-NaOH-Lösung ccm	14	16	18	20	22	24	26	28	30	32	34	37
9,5	0,5	8,66	8,62	8,58	8,53	8,49	8,45	8,40	8,37	8,32	8,28	8,24	8,18
9,0	1.0	9,02	8,97	8,93	8,88	8,84	8,79	8,75	8,71	8,67	8,62	8,58	8,52
8,0	2,0	9,45	9,40	9,36	9,31	9,26	9,22	9,17	9,13	9,08	9,04	9,00	8,92
7,0	3,0	9,80	9,75	9,71	9,66	9,61	9,56	9,51	9,46	9,42	9,37	9,32	9,25
6,0	4,0	10,24	10,18	10,14	10,09	10,03	9,98	9,93	9,88	9,83	9,78	9,73	9,66
5,5	4,5	10,58	10,53	10,48	10,42	10,37	10,32	10.27	10,22	10,17	10,12	10,07	$9{,}9_9$
5,1	4,9	11,18	11,12	11,07	11,01	10,96	10,90	10,85	10,79	10,74	10,68	10,62	$10{,}5_4$
5,0	5,0	11,42	11,36	11,31	11,25	11,20	11,14	11,09	11,03	10,97	10,92	10,86	$10{,}7_8$
4,9	5,1	11,68	11,62	11,57	11,51	11,45	11,39	11,33	11,27	11,22	11,16	11,10	$11{,}0_2$
4,5	5,5	12,22	12,16	12,10	12,04	11,98	11,92	11,86	11,80	11,74	11,68	11,62	$11{,}5_3$
4,0	6,0	12,52	12,46	12,40	12,33	12,27	12,21	12,15	12,09	12,03	11,96	11,90	$11{,}8_1$
3,0	7,0	12,80	12,73	12,67	12,60	12,54	12,48	12,48	12,35	12,29	12,23	12.17	$12{,}0_7$
2,0	8,0	12,99	12,92	12,86	12,79	12,73	12,66	12,60	12,53	12,47	12,41	12,34	$12{,}2_5$
1,0	9,0	13,09	13,03	12,97	12,90	12,83	12,77	12,70	12,64	12,57	12,51	12,45	$12{,}3_5$

Sehr brauchbar ist auch jene Variation der Mischungsverhältnisse Glykokoll-Natronlauge, die gleichmäßig abgestufte p_H-Werte ergibt. KORDATZKI (*9*) bringt eine für 18° gültige Zusammenstellung, zu der zu bemerken ist, daß für jeden Grad Temperaturerhöhung zwischen 10 und

Tabelle 16. SÖRENSENsche Glykokoll-NaOH-Gemische nach KORDATZKY.

Gemisch von		p_H bei 18°	Gemisch von		p_H bei 18°
m/10 Glykokoll-Lösung in ccm	m/10 NaOH-Lösung ccm		m/10 Glykokoll-Lösung ccm	m/10 NaOH-Lösung ccm	
89,0	11,0	9,0	50,2	49,8	11,2
85,0	15,0	9,2	49,8	50,2	11,4
79,5	20,5	9,4	49,0	51,0	11,6
73,5	26,5	9,6	47,9	52,1	11,8
68,0	32,0	9,8	46,0	54,0	12,0
62,5	37,5	10,0	44,0	56,0	12,2
59,0	41,0	10,2	39,7	60,3	12,4
56,0	44,0	10,4	32,5	67,5	12,6
54,0	46,0	10,6	22,5	77,5	12,8
52,5	47,5	10,8	7,5	92,5	13,0
51,2	48,8	11,0			

40° der p_H-Wert eines Gemisches im Mittel um 0,02 bis 0,03 abnimmt. CLARK und LUBS haben schon 1916 solche Reihen mitgeteilt.

Für den stark sauren Teil kommt als Kontrolle für die p_H-Werte zwischen 1,038 und 4,958 die Reihe der SÖRENSENschen *Zitrat-Salzsäure-*Gemische als Standard in Frage, zumal der Temperatureinfluß so gering ist, daß er vernachlässigt werden darf. In Tab. 17 sind die Mischungsverhältnisse mit ihren p_H-Werten zusammengestellt.

Tabelle 17. Zitrat-HCl-Gemische von SÖRENSEN.

Gemisch von		p_H	Gemisch von		p_H
m/10 sec. Na-Zitrat ccm	m/10 HCl ccm		m/10 sec. Na-Zitrat ccm	m/10 HCl ccm	
0,00	10,00	1,038	5,00	5,00	3,692
1,00	9,00	1,173	5,50	4,50	3,948
2,00	8,00	1,418	6,00	4,00	4,158
3,00	7,00	1,925	7,00	3,00	4,447
3,33	6,67	2,274	8,00	2,00	4,652
4,00	6,00	2,972	9,00	1,00	4,830
4,50	5,50	3,364	9,50	0,50	4,887
4,75	5,25	3,529	10,00	0,00	4,958

KORDATZKI wählt ähnliche Mischungsverhältnisse für die Zitrat-HCl-Pufferreihe, wie es Tab. 18 aufzeigt.

Tabelle 18. Zitrat-HCl-Mischungen nach KORDATZKI (*9*).

Gemisch von		p_H	Gemisch von		p_H
m/10 sec. Na-Zitrat ccm	m/10 HCl ccm		m/10 sec. Na-Zitrat ccm	m/10 HCl ccm	
0,0	100,0	1,04	40,4	59,6	3,0
11,0	89,0	1,20	42,8	57,2	3,2
19,8	80,2	1,40	45,8	54,2	3,4
24,5	75,5	1,60	48,4	51,6	3,6
28,2	71,8	1,80	52,0	48,0	3,8
30,9	69,1	2,00	56,0	44,0	4,0
32,8	67,2	2,20	60,8	39,2	4,2
34,8	65,2	2,40	68,0	32,0	4,4
36,5	63,5	2,60	76,0	24,0	4,6
38,3	61,7	2,80	88,0	12,0	4,8

Hier schließen sich in den p_H-Werten die Reihen der Zitrat-NaOH-Gemische von SÖRENSEN und von KORDATZKI an; sie sind temperaturabhängig und umfassen den Bereich von ca. $p_H = 5$ bis $p_H = 6{,}5$, wie aus Tab. 19 und 20 zu entnehmen ist.

Bei der Verwendung der genannten Zitrat-Laugengemische ist auf die Meßtemperatur *besonders* zu achten, da ihr Temperaturkoeffizient einen nicht mehr zu vernachlässigenden Wert aufweist. Diese Mischungen umspannen den p_H-Bereich zwischen 4,96 und 6,96 bei 20°.

Tabelle 19. Zitrat-NaOH-Gemische von SÖRENSEN nach WALBUM.

Gemisch von		p_H bei der Temperatur		
m/10 sec. Na-Zitrat ccm	m/10 NaOH ccm	10°	20°	30°
10,00	0,00	4,93	4,96	5,00
9,50	0,50	4,99	5,02	5,06
9,00	1,00	5,08	5,11	5,15
8,00	2,00	5,27	5,31	5,35
7,00	3,00	5,53	5,57	5,60
6,00	4,00	5,94	5,98	6,01
5,50	4,50	6,30	6,34	6,37
5,25	4,75	6,65	6,69	6,72

Tabelle 20. Zitrat-Laugen-Gemische nach KORDATZKI.

Gemisch von		p_H bei 18°
m/10 sec. Na-Zitrat ccm	m/10 NaOH ccm	
96,0	4,0	5,0
85,0	15,0	5,2
76,5	23,5	5,4
69,0	31,0	5,6
64,0	36,0	5,8
59,5	40,5	6,0
56,5	43,5	6,2
54,4	45,6	6,4

Die noch offene Lücke in der kompletten p_H-Reihe füllen die *Phosphat-Puffer-Gemische* aus, die in der folgenden Tabelle nach SÖRENSEN zusammengestellt sind. Bei ihnen ist keine Temperaturkorrektur notwendig. Sie übergreifen die p_H-Werte 5,3 bis 8.

Tabelle 21. Phosphatgemische von SÖRENSEN.

Gemisch von		p_H	Gemisch von		p_H
m/15 Na_2HPO_4 ccm	m/15 KH_2PO_4 ccm		m/15 Na_2HPO_4 ccm	m/15 KH_2PO_4 ccm	
0,25	9,75	5,288	5,00	5,00	6,813
0,50	9,50	5,589	6,00	4,00	6,979
1,00	9,00	5,906	7,00	3,00	7,168
2,00	8,00	6,239	8,00	2,00	7,381
3,00	7,00	6,468	9,00	1,00	7,731
4,00	6,00	6,643	9,50	0,50	8,043

Tabelle 22. Phosphatgemische nach KORDATZKI.[1]

Gemisch von			Gemisch von		
m/15 Na_2HPO_4 ccm	m/15 KH_2PO_4 ccm	p_H bei 18°	m/15 Na_2HPO_4 ccm	m/15 KH_2PO_4 ccm	p_H bei 18°
3,1	96,9	5,4	50,0	50,0	6,8
5,0	95,0	5,6	61,0	39,0	7,0
8,0	92,0	5,8	72,0	28,0	7,2
12,0	88,0	6,0	80,8	19,2	7,4
18,5	81,5	6,2	87,0	13,0	7,6
26,2	73,8	6,4	91,5	8,5	7,8
36,0	64,0	6,6	94,5	5,5	8,0

Die bisher angegebenen Puffergemische umspannen immer nur kleinere Gebiete der praktisch wichtigen p_H-Skala. Es wurden aber auch Versuche gemacht, Puffersubstanzen derart zu kombinieren, daß der biologisch wichtigste p_H-Bereich in einer Kombination erfaßt wird. MC ILVAINE (*35*) gibt einen solchen „*Universalpuffer*“ aus Zitrat- und Phosphatgemischen an. Zur Bereitung desselben dient eine m/0,1 Zitronensäure- und m/0,2 Na_2HPO_4-Lösung in folgenden Mischungen bei Zimmertemperatur:

Tabelle 23. Gemische von MC ILVAINE.

Gemisch von			Gemisch von		
m/0,1 Zitronensäure ccm	m/0,2 Na_2HPO_4 ccm	p_H	m/0,1 Zitronensäure ccm	m/0,2 Na_2HPO_4 ccm	p_H
19,60	0,40	2,2	9,28	10,72	5,2
18,76	1,24	2,4	8,85	11,15	5,4
17,82	2,18	2,6	8,40	11,60	5,6
16,83	3,17	2,8	7,91	12,09	5,8
15,89	4,11	3,0	7,37	12,63	6,0
15,06	4,94	3,2	6,78	13,22	6,2
14,30	5,70	3,4	6,15	13,85	6,4
13,56	6,44	3,6	5,45	14,55	6,6
12,90	7,10	3,8	4,55	15,45	6,8
12,29	7,71	4,0	3,63	16,47	7,0
11,72	8,28	4,2	2,61	17,39	7,2
11,18	8,82	4,4	1,83	18,17	7,4
10,65	9,35	4,6	1,27	18,73	7,6
10,14	9,86	4,8	0,85	19,15	7,8
9,70	10,30	5,0	0,55	19,45	8,0

Um bestimmte Puffergemische zur Kontrolle verwenden zu können, müssen die Lösungen sehr genau hergestellt, sehr sorgfältig aufbewahrt werden und dürfen nicht zu alt sein.

[1] In der Tabelle: Phosphatmischungen auf S. 58 des Buches von KORDATZKI ist eine Verwechslung von sekundärem und primärem Phosphat unterlaufen, worauf für den Gebrauch aufmerksam gemacht wird.

5. Wandelfähige Meßeinrichtungen.

Obwohl man heute meist nur mehr fix zusammengebaute „Potentiometer" als Meßeinrichtung benutzt, bieten die aus den einzelnen Teilen fallweise zusammenstellbaren Geräte doch den Vorteil, Schaltungen variieren und dadurch den jeweiligen Untersuchungen anpassen zu können. Für das Einarbeiten in die verschiedenen Meßtechniken eignen sie sich deshalb besonders, weil der Selbstaufbau immer wieder Erwägungen erfordert, die eine Beherrschung der Theorie der dabei sich abspielenden Vorgänge erfordert.

Alle für die elektrometrische p_H-Messung notwendigen Schaltungen und Einrichtungen gehen auf *Kompensations-Nullmethoden* hinaus und haben ihre Grundlage in der POGGENDORFschen *Kompensationsschaltung*.

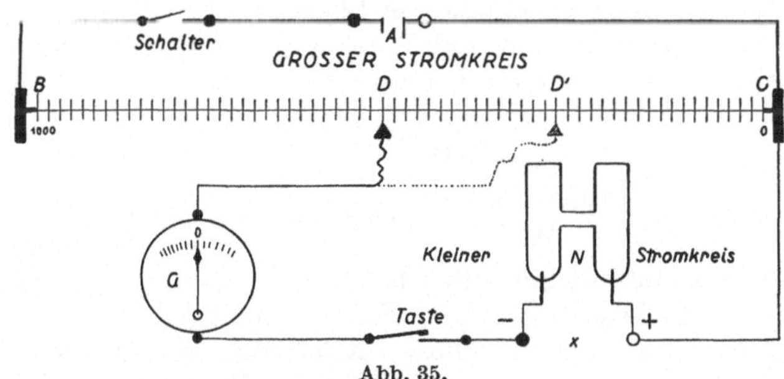

Abb. 35.

Die einfachste Form bildet die *Meßdrahtanordnung* der *Meßbrücke* mit dem *Schleifkontakt*.

Dazu sind erforderlich: 1 Schleifdrahtmeßbrücke von 1 m Meßdrahtlänge in Millimetern geteilt, 1 Bleisammler oder 2 Nickelstahlakkumulatoren in Serienschaltung mit einer Kapazität von mindestens 10 Amperestunden, 1 einfacher Ausschalter, 1 Taster für kurzen Stromschluß und 1 Stromanzeiger von der Empfindlichkeit mindestens 3×10^{-6} A als Nullinstrument, 1 Normalelement für die Eichung des Meßdrahtes.

Die Aufstellung nimmt man auf einer vollkommen trockenen, am besten mit Paraffin eingelassenen Tischplatte vor, um eine gute Isolation zu haben. In Abb. 35 ist die ganze Zusammenstellung schematisch wiedergegeben, wie sie der Eichung der Stromquelle als erste Operation dient. Um die Stromquelle für den großen Stromkreis möglichst lange in seiner Spannung konstant zu haben, schließt man den frisch aufgeladenen Bleisammler über einen Widerstand von 30 bis 40 Ω so lange kurz, bis seine Spannung auf 2,1 bis 2 V abgesunken ist. Diese hält er dann lange Zeit hindurch fast unverändert. Jetzt schaltet man ihn bei offenem Stromschlüssel (*Sch*) an die Meßbrücke durch isolierte Kupferdrähte vom Mindestquerschnitt 1 qmm. Den verschiebbaren Schleifkontakt (*D*) der Meßbrücke legt man an eine Klemme des Nullinstruments, an die andere die eine Tastenklemme, während die andere mit dem negativen Pol des Normalelements (Westonn) und dessen positiver Pol mit dem rechten festen Ende des Meßdrahtes verbunden wird. Dort liegt auch der Pluspol des Akkumulators. Jetzt ist der kleine Stromkreis ebenfalls vorbereitet und die Eichung kann beginnen. Da das Westonnormalelement eine Spannung von rund 1018 mV, der Akkumulator von etwa 2000 mV besitzt, muß man den Schleifdraht ungefähr in die Mitte des Meßdrahtes schieben, um von Haus aus einen zu starken Stromfluß im kleinen Stromkreis zu vermeiden. Nun wird der Schalter im großen Stromkreis geschlossen und kurz die Taste gedrückt. Das Instrument wird ein wenig nach rechts oder links ausschlagen. Nun verschiebt man den Schleifkontakt am Meßdraht so lange, bis kein Ausschlag mehr erfolgt. Damit ist der Eichvorgang des Akkumulators erledigt, denn jetzt ist der Kompensationspunkt durch die Lage am Schleifdraht gegeben. Man liest den Abstand CD des Meßdrahtes am darunter liegenden Millimetermaßstab ab und berechnet aus diesem Längenmaß in Millimetern und der bekannten Spannung des Normalelements (1018 mV) die *Spannung* des *Akkumulators*. CD sei 510 mm, dann ist

$$\frac{510}{1000} = \frac{1018}{x},$$

daher

$$x = \frac{1018 \cdot 1000}{510} = 1996 \text{ mV} = \underline{1{,}996 \text{ V}.}$$

An Stelle des Normalelements schaltet man nunmehr die zu messende p_H-Kette (z. B. Pt-Wasserstoff/ges. Kalomelelektrode) ein und kompensiert auf Null. Der Abstand dieses Kompensationspunktes (CD') am Meßdraht wird wie früher bestimmt und die Meßtemperatur (z. B. 18°) vermerkt. Es betrage CD' 280 mm; dann ist

$$\frac{280}{1000} = \frac{x}{1996}$$

und daraus

$$x = \frac{280 \cdot 1996}{1000} = \underline{558{,}88 \text{ mV} = E_x.}$$

Daraus errechnet sich nach der Formel

$$p_\mathrm{H} = \frac{E_x - E_k}{\vartheta},$$ [1]

worin E_x der erhaltenen Meßkettenspannung und E_k dem Bezugswert der gesättigten Kalomelelektrode bei 18° und ϑ der Temperaturkonstanten für 18° entspricht. Obige Werte eingesetzt, ergibt für

$$p_\mathrm{H} = \frac{558{,}80 - 250{,}3}{57{,}7} = \underline{5{,}35.}$$

Die primitive Meßeinrichtung ergibt Resultate, die zwar rechnerisch in die zweite und dritte Dezimale des p_H-Wertes führen, aber den Abspruch auf Richtigkeit eigentlich nur in den Zehnteln haben. Wollte man ganz genau vorgehen, so müßte man auch die Einflüsse des Luft- und Dampfdruckes und unter besonderen Umständen auch jene des Wasserstoffpartialdruckes berücksichtigen und korrigieren, wofür sich die

[1] Siehe 1 im Abschnitt E.

Tabellen im Abschnitt E, Anhang, befinden. Da diese Einflüsse aber verhältnismäßig sehr gering sind, können sie praktisch meistens vernachlässigt werden.

An Stelle der Metermeßbrücke mit ausgespanntem Meßdraht kann auch die *Walzenmeßbrücke* nach KOHLRAUSCH in ihren vielfachen Gestaltungen treten. Sie hat den Vorteil, über einen viel längeren Meßdraht zu verfügen, der unter Umständen die Meßgenauigkeit erhöht.

Alle Meßbrücken haben den *Nachteil*, daß ihr Meßdraht einen zu geringen Widerstand besitzt und daher der Stromquelle zu viel Strom entnommen wird, was zu einem alsbald eintretenden Spannungsabfall und zu Drahterwärmungen führt, die sich schädlich auswirken. Auch treten häufig Kontaktfehler auf, deren Auffindung und Behebung mitunter viel Zeit erfordert. Überdies muß der Brückendraht sehr genau kalibriert sein.

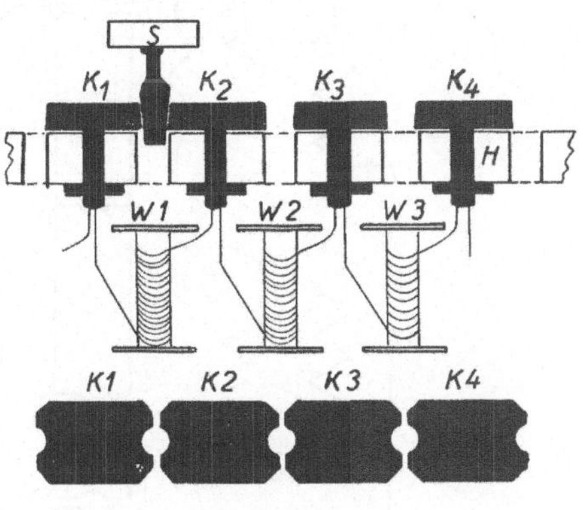

Abb. 36.

Deshalb zieht man für variable Kompensationsschaltungen die *hochohmigen Rheostatenkästen* vor, deren Widerstand 1110 Ω beträgt, so daß darüber beim Anschluß eines zweivoltigen Akkumulators nur $^2/_{1110}\,\mathrm{A} = 1{,}8\,\mathrm{mA}$ gehen, die unschädlich sind. Gewöhnlich werden zur Kompensationsschaltung zwei Widerstandskästen verwendet. Sie tragen auf ihrer Hartgummideckplatte Metallklötze, die durch gut eingepaßte konische Messingstöpsel mit Griff wahlweise kontaktsicher leitend verbunden werden können. Im Kasten befinden sich, auf Rollen gewickelt, die Widerstandsdrähte, deren Enden an je zwei benachbarte Klötze gelötet sind. Der eingesetzte Stöpsel schließt also die betreffende Widerstandsspule kurz. Werden alle Stöpsel gezogen, also entfernt, sind alle Widerstandsspulen in Serie geschaltet, so daß an den Kastenklemmen der volle Widerstand als Summe aller Teilwiderstände liegt. Das Schema der Abb. 36 zeigt in einem Ausschnitt die Anordnung der Teilwiderstände (*W 1*, *W 2*, *W 3*) in ihrem Anschluß an die Stöpselklötze (*K 1*, *K 2*, *K 3*, *K 4*). Wenn nun *K 1* und *K 2* durch Eindrücken des Messingkonus leitend verbunden werden, ist der Widerstand *W 1* widerstandslos überbrückt und fällt aus. Da nun der Rheostatenkasten eine Reihe solcher genau abgeglichener Teilwiderstände von bekanntem Ohmwert enthält, kann man durch entsprechendes wahlweises Stöpseln jeden Widerstandswert von 1 Ω bis zum Gesamtwiderstandswert des Satzes erhalten, wie jedes Gewicht mit einem Gewichtssatz. Für unsere Messungen werden meist Rheostaten mit einem Gesamtwiderstand von 1110 Ω benutzt, die sich aus Teilwiderständen von 1 zu 500, 2 zu je 200, 1 zu 100, 1 zu 50, 2 zu je 20, 1 zu 10, 1 zu 5, 2 zu je 2 und 1 zu 1 Ω zusammensetzen.

Außer Gebrauch müssen die Widerstandskästen staub- und lichtdicht zugedeckt werden, um die Hartgummioberfläche in ihrer Isolation unverändert und die Stöpselkontakte blank zu erhalten. Von Zeit zu Zeit sind die Stöpsel mit einem mit Petroleum befeuchteten Lappen abzureiben und mit einem reinen Tuch so weit nachzuwischen, daß auf den Kontaktflächen noch eine Spur von Petroleum zurückbleibt.

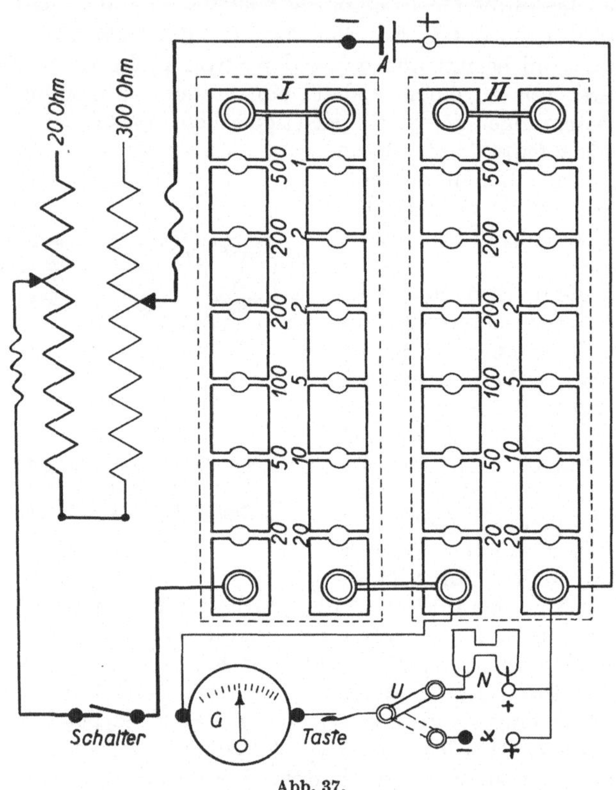

Abb. 37.

Die sogenannte fliegende Meßapparatur wird meist mit zwei identischen Widerstandskästen der oben beschriebenen Art aufgebaut und die Kompensationsschaltung durch Zugabe von verschiebbaren Gleitwiderständen (20 und 300 Ω) vereinfacht. An Einzelgeräten kommen dazu: das Nullinstrument, 1 Ausschalter für die Stromquelle, als solche 1 Akkumulatorzelle, 1 Taste für die Augenblickskontaktgebung im kleinen Stromkreis, 1 Umschalter und 1 Normalelement (Weston).

Abb. 37 gibt das Schaltschema wieder, nach dem die Meßapparatur zusammenzustellen ist. An den negativen Pol einer Bleisammlerzelle wird der Schieberkontakt des 300 Ω-igen Vorwiderstandes gelegt und dieser mit dem 20 Ω-igen zweiten Vorwiderstand in Serie geschaltet. Die Rheostatenkästen *I* und *II* werden durch praktisch widerstandslose Kupferbrücken hintereinander geschlossen. Von der einen offenen Klemme der Kästen führt eine Drahtverbindung zu einem Kipp- oder Messerschalter, während die zweite freie Klemme mit dem positiven Pol des Akkumulators verbunden wird. Vom Kippschalter geht ein Draht zum Gleitkontakt des zweiten Vorschaltwiderstandes von 20 Ω. Schließt man den Schalter, so fließt der Strom in minimaler Stärke durch den „großen Stromkreis", wenn bei den Rheostatenkästen alle Stöpsel gezogen sind. Bei *offenem* Schalter legt man nun den „kleinen Stromkreis" an, in dem sich das empfindliche Nullinstrument (Galvanometer *G*), eine Taste für kurzzeitigen Stromschluß und ein Umschalter (*U*) in Serie befindet. An die Klemme des Kastens *II*, die mit dem Pluspol des Akkumulators verbunden ist, führt, durch den Umschalter wahlweise geschaltet, die Drahtverbindung vom positiven Pol des Westonnormalelements (*N*) oder der Wasserstoffionen-Meßkette (*X*). Die zweite Galvanometerzuleitung wird an die zweite Klemme des gleichen Kastens (*II*) geschlossen.

Um möglichst einfach den p_H-Wert errechnen zu können, muß man unter Benutzung der Vorwiderstände es erreichen, daß über die Widerstände des Kastens *II*, an dem ja der kleine Stromkreis hängt, genau 1018 mV abfallen, ohne daß der Gesamtwiderstand des großen Stromkreises (Kasten $I + II$) sich ändert. Dazu ist die Eichung des Akkumulators notwendig. Vom Kasten *I* werden alle 12 Stöpsel entfernt und dauernd in einer Schachtel aufbewahrt, da wir sie überhaupt nicht benötigen. Bei der Eichung werden 1018 Ω vom gestöpselten Kasten dadurch eingeschaltet, daß man die entsprechende Stöpselanzahl zieht und jeden gezogenen Stöpsel sofort in das korrespondierende Loch des Kastens *I* steckt; z. B. Stöpsel von 500 des Kastens *II* in 500 des Kastens *I* usf. Nun sind im kleinen Stromkreis 1018 Ω Widerstand eingeschaltet, ohne daß der Widerstand des großen Stromkreises geändert wurde. Hierauf schaltet man mit dem Umschalter *U* das Normalelement von der Spannung 1018 mV an, schließt den Schalter des großen Stromkreises und verschiebt den Gleitkontakt vorsichtig unter nur Bruchteile einer Sekunde dauernden Stromschlüssen mit der Taste. Die Verschiebung erfolgt so lange, bis der Galvanometerausschlag eben seine Richtung über dem Nullpunkt wechselt. Dann kompensiert man mit dem Gleitkontakt des 20 Ω-igen Widerstandes fein, bis überhaupt kein Ausschlag mehr erfolgt. Damit ist die Kompensationsstellung des Akkumulators gegen das Normalelement erreicht, dessen Spannung bekannt ist. Grundsätzlich ist bei Beginn der Eichung jener Ohmwert zu überstöpseln, der zahlenmäßig dem Spannungswert des Normalelements entspricht. Selbstgefertigte Westonelemente haben meist eine etwas niedrigere Klemmenspannung. In diesem Fall ist die dieser kleineren Spannung entsprechende Ohmzahl einzustöpseln, z. B. 1015 Ω, wenn das Normalelement die Spannung 1015 mV aufweist. Überhaupt muß die Spannung der selbst hergestellten Westonelemente zuerst mit einem von der Reichsanstalt geprüften Normalelement festgestellt und öfters kontrolliert werden.

Sobald der Kompensationspunkt erreicht ist, fallen über den Widerstand des Kastens *II* genau 1018 mV ab, also über jeden Teilwiderstand so viele Millivolt als sein Ohmwert beträgt. Dadurch werden wir, solange die Akkumulatorspannung konstant bleibt und an den Vorwiderständen nichts geändert wird, in die Lage versetzt, die Spannung der jeweilig an Stelle des Normalelements angelegten Meßkette aus der dafür zur Kompensation von *II* gezogenen und nach *I* gesteckten Stöpsel in Millivolt unmittelbar zu erhalten. Die Eichung des Akkumulators braucht bei genügend großer Kapazität desselben nur beim Beginn der Messung täglich einmal vorgenommen zu werden. Die Umrechnung der in Millivolt erhaltenen Potentiale in die p_H-Werte hängt von der Wahl der verwendeten Elektroden ab und wird bei letzteren angegeben.

An Stelle der Stöpselrheostaten werden auch Sätze von zusammengebauten *Kurbelwiderständen* verwendet. Es sind aber nur solche im Gebrauch sicher, die durch ihre sorgfältige Herstellung eine dauernd zuverlässige Kontaktgebung der Kurbeln gewährleisten. Daher stellen sich dieselben bedeutend höher im Preis, ohne besondere Vorteile zu bieten.

6. Fixe Potentiometer.

Wenn auch die variablen selbst zusammenzustellenden Meßeinrichtungen, wie sie in ihrem gebräuchlichsten Aufbau oben geschildert sind, manche Vorteile bilden, so sind sie doch nur in der Hand des mit den theoretischen Grundlagen der Meßtechnik vertrauten Arbeiters zuverlässig. Daher begann man schon lange, fix zusammengefügte „Potentiometer" gebrauchsfertig in möglichst kleiner und handlicher Form zu erzeugen, die weitgehend zuverlässige p_H- und Spannungsmessungen sozusagen jedem ermöglichen. Einen Übergang zu den Potentiometern der folgenden Beschreibung bildet das „*Diskus-Potentiometer*" von Hellige in Freiburg aus dem Jahre 1932, welches den Meßdraht, zwei Drehwiderstände, den Taster und ein Abgleich-Galvanometer im fixen Zusammenbau besitzt. Als gesondertes Nullinstrument wird ein Galvanometer oder Elektrometer und als Stromquelle eine Trockenbatterie oder eine Akkumulatorzelle verwendet. Heute bietet der Apparatenmarkt zahlreiche Potentiometerkonstruktionen, die alle hier zu beschreiben nicht möglich und auch unnötig ist, da sie durchwegs brauchbar sind und jene Genauigkeiten der Messung erreichen lassen, die der jeweilige Fabrikant angibt. Bei ihnen wird durch Anwendung von Varianten der Kompensationsschaltung stets stromlos gemessen, der Meßvorgang soweit als möglich vereinfacht und jede größere Rechenoperation überflüssig gemacht, da die Ablesung des p_H-Wertes auf Skalen direkt erfolgt. Man braucht nur mehr die Meßkette polrichtig anzuschließen und nach Kompensation das Resultat in p_H- oder Millivoltwerten abzulesen und aus der Temperaturtabelle die Korrektur vorzunehmen, wenn nicht gerade bei 18° gemessen wurde.

Es seien hier vornehmlich zwei solcher Instrumente etwas genauer beschrieben, das „Pehavi" der Firma Hartmann u. Braun in Frankfurt am Main und das „Präzisions-Potentiometer" von Lautenschläger in München. Beide Einrichtungen haben sich im Institute des Verfassers bestens bewährt.

Das „*Pehavi*" ist ein ausgesprochen kleiner Apparat mit großer Leistungsfähigkeit bei einfacher Bedienung. In Abb. 38 ist dieser Schleifdrahtkompensator in Verbindung mit einer Meßkette abgebildet, der sich für p_H-Messungen mit der Chinhydron-, Platin-, H_2-, Antimon- und Glaselektrode und ebensogut auch für elektrometrische Titrationen, Temperaturbestimmungen usw. eignet, somit im Laboratorium sehr vielseitige Verwendbarkeit besitzt. Abb. 39 zeigt die Prinzipschaltung des Gerätes, aus der ersichtlich ist, daß eine Stromquelle B (Trockenelement leicht auswechselbar eingebaut) ohne Normalelement verwendet wird. Mit dem Schalter S wird der große Stromkreis über den regelbaren Vorwiderstand R und den Schleifdraht D geschlossen, von dem der kleine Stromkreis mit dem Schleifer abgeleitet und über die Meßkette X und wahlweise durch den Umschalter U über die Vorwiderstände des Galvanometers G über dieses und die Taste T zum Fixpunkt des Schleifdrahtes geführt wird. Gewöhnlich hat das Pehavi drei Skalen, die derart abgeblendet werden, daß immer nur eine eingesehen werden kann, um Ableseirrtümer auszuschalten. Da die Empfindlichkeit des Nullinstruments für die Messung an Glaselektroden wegen ihres hohen inneren Widerstandes nicht ausreicht, ist zur Vergrößerung der Empfindlichkeit im Pehavi C ein Kondensator den Meßklemmen angeschlossen, der sich mit dem Elektrodenpotential auflädt und beim Drücken der Taste über das Meßinstrument zusätzlich entladen wird, wodurch der Zeiger des Galvanometers seinen Bewegungsimpuls in verstärktem Maße erhält. Dadurch wird die Messung mit Glaselektroden bis zu 3 MΩ inneren Widerstand möglich gemacht. Für die Benutzung der hochohmigen Glaselektroden muß man ein hochempfindliches Spiegelgalvanometer (z. B. das „Mirravi p_H" von Hartmann und Braun mit einer Empfindlichkeit von ca. $7 \cdot 10^{-10}$ A/SKtl.) mit der Meßkette hintereinanderschalten und die Kompensationsstellung mit diesem Nullinstrument ermitteln. Diese Ergänzungszusammenstellung mit der Glaselektrode gibt die Abb. 40 wieder. Obwohl ein Lichtzeiger auf der Skala spielt, ist die Beobachtung bei Tageslicht leicht durchzuführen.

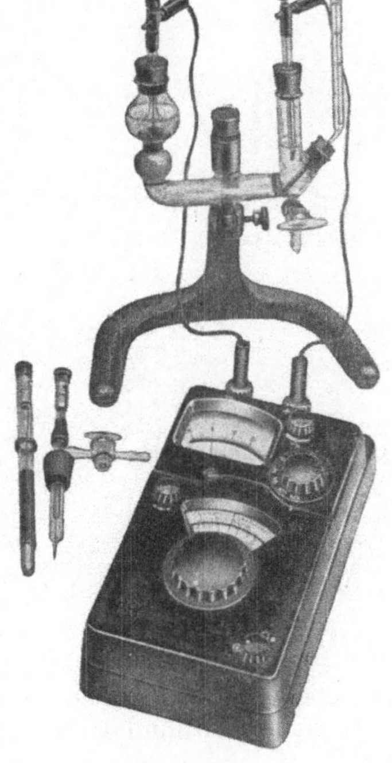

Abb. 38.

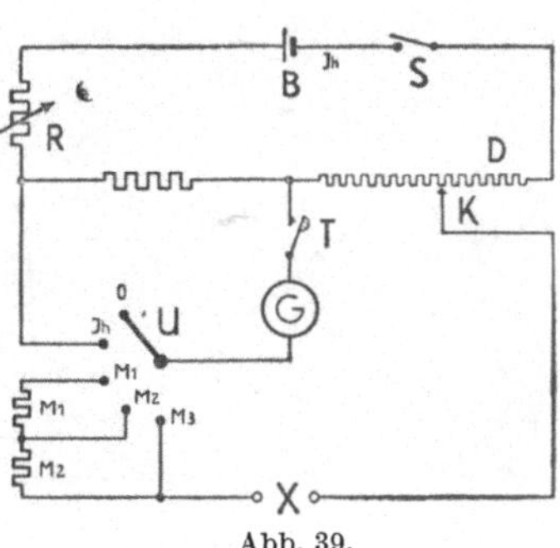

Abb. 39.

Ein größeres und durch einen Zusatz zu einem Widerstandsmeßapparat ausgestaltbares Gerät dieser Art ist das „*Präzisions-Jonometer*“ der Firma Lautenschläger in München, das die Abb. 41 darstellt. Es besitzt keine

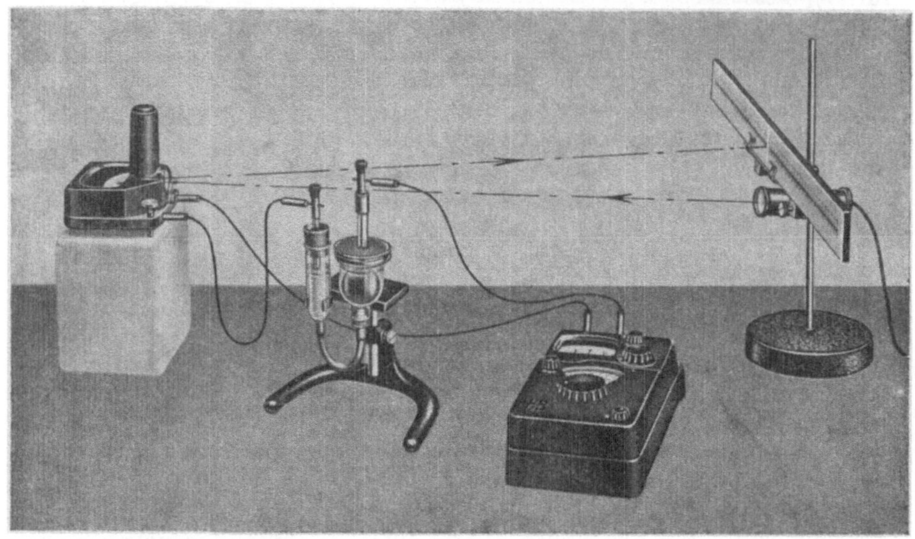

Abb. 40.

eingebauten Stromquellen, sondern wird entweder durch Taschenlampenbatterien, Akkumulatoren oder Anschlußgeräte versorgt. Es hat den Vorzug, für die Kette: Normal-Wasserstoff- und Chinhydronelektrodegesättigte Kalomelbezugselektrode eine *gemeinsame* einzige p_H-Skala neben der Millivoltskala zu haben. Das hochempfindliche Nullgalvanometer gewährleistet bei Verwendung einwandfreier Meßketten eine Genauigkeit von 1 mV entsprechend 0,02 p_H. Die Jenaer Glaselektroden können in ihren niederohmigen Ausführungen ohne weiteres benutzt werden. Die Ablesung ist infolge der über der Galvanometer- und den Potentiometerskalen befindlichen Lupen leicht und sehr genau, zumal beide Skalen eine Beleuchtungseinrichtung haben, die von einer zweiten Stromquelle gespeist und mit der automatischen Arretierung des Galvano-

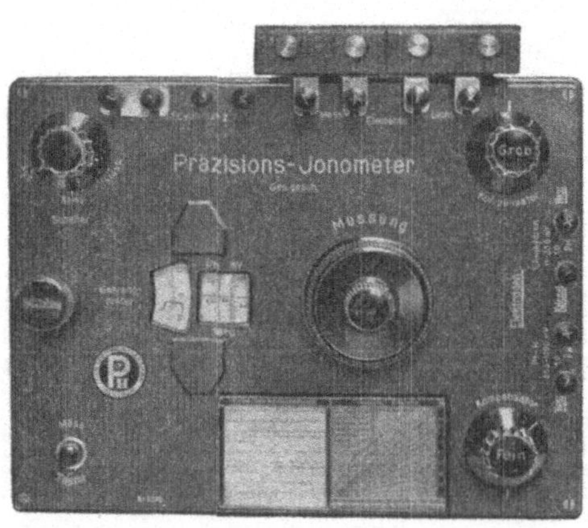

Abb. 41.

metersystems gleichzeitig ein- und ausgeschaltet wird. Zur Abgleichung des sehr hochohmigen Potentiometers dient das LIPSCOMBsche Normal-Kadmiumelement mit der Spannung 704 mV, wodurch es möglich wurde, die gleiche p_H-Wertskala für Chinhydron- und Wasserstoffelektroden gegen die gesättigte Kalomelbezugselektrode zu erhalten. Es weisen nämlich die Wasserstoff- und die Chinhydronelektrode in den Lösungen gleichen p_H-Wertes bei der Temperatur von 18° stets 704 mV auf. An dem Gerät ist ein Diagramm für die Temperaturkorrektion für beide Elektrodenarten gut ablesbar angebracht.

In Abb. 41 ist das Instrument im ungefähren Verhältnis 1 : 4,5 wiedergegeben. Die eigentliche Messung besteht im richtigen Anlegen der Pole der Meßkette, dann Drehung des linken oberen Einstellknopfes auf Kompensation, wobei gleichzeitig die Skalenbeleuchtung einsetzt und das Nullinstrument entarretiert wird, und Durchführung der Kompensation mit Hilfe der beiden rechts befindlichen Drehknöpfe „grob und fein" unter kurzem Drücken des Meßtasters. Sobald das Instrument keinen Ausschlag mehr zeigt, ist das Potentiometer meßbereit. Nun wird mit der großen Drehscheibe „Messung" die Messung der angeschlossenen Kette ausgeführt und nach Erreichung des Fehlens jedes Ausschlages des Galvanometers der p_H-Wert oder die Millivolt an der Skala abgelesen. Die aus der Korrekturtabelle entnommene Temperaturkorrekturzahl wird noch mit dem entsprechenden Vorzeichen zum erhaltenen p_H-Wert addiert, womit die Bestimmung zu Ende ist. In wenigen Minuten ist somit eine Messung zu bewerkstelligen. Allerdings muß beim Arbeiten mit der Wasserstoffelektrode die notwendige Potentialeinstellungszeit abgewartet werden, die bei der Verwendung von Glas- oder Chinhydronelektroden wegfällt.

Das Jonometer und Präzisionsjonometer von Lautenschläger kann mit Recht als vielfach verwendbares Laboratoriumsgerät gelten, da mit Hilfe einer jederzeit lieferbaren Zusatzeinrichtung (Lyometer), für deren Anschluß die Klemmen bereits vorgesehen sind, Leitfähigkeitsmessungen und -titrationen ausgeführt werden können.

Der *Jonograph* nach WULFF-KORDATZKI ist mit einem Röhrenvoltmeter ausgestattet, wodurch die Messungen von Ketten mit großem inneren Widerstand, wie ihn die hochohmigen Glaselektroden haben, einfach werden und sehr genau ausfallen.

Wie schon eingangs bemerkt, sind außer den genannten zahlreiche Potentiometer größerer und kleinerer Ausführung bei guter Beschaffenheit im Apparatenhandel erhältlich.

Als besonders vielseitig verwendbar kann das „Triodometer" nach EHRHARDT (*53* bis *55*) bezeichnet werden, das neben der p_H-Messung noch Leitfähigkeits-, Dielektrizitätskonstantenbestimmungen, Ermittlungen des Wassergehaltes von Rohstoffen, Rohprodukten und Fertigfabrikaten und elektrometrischen Maßanalysen zuläßt. Es ist mit einem Röhrenvoltmeter eingerichtet.

Das „Azidimeter" nach Dr. TRÉNEL (*56*), hergestellt von der Siemens-Halske A. G., enthält einen Hauptstromkreis über ein Amperemeter, zwei

Regelwiderstände (grob und fein) und den Kompensationskreis mit zwei Meßwiderständen, der anzuschaltenden Meßkette und dem empfindlichen Nullinstrument, das gleichzeitig als Millivoltmeter dient. Der Kompensationsstromkreis ist durch zwei Kurztasten unempfindlich und empfindlich schließbar. Die Meßgleitkontakte sind mit zwei Scheiben gekoppelt, an denen unmittelbar der gemessene p_H-Wert abgelesen wird.

Sehr preiswert und einfach im Gebrauch ist das „p_H-Meter, Modell Chemie" der Firma Bergmann und Altmann in Berlin, das in erster Linie zur Messung mit der Chinhydron- und H_2-Kette bestimmt ist. Übrigens erzeugen die Genannten auch das Elektrometer-Röhrengerät nach Dr. Müller als sehr empfindliche Einrichtung bei der Messung mit Glaselektroden.

Erwähnt sei auch die elektrometrische p_H-Meßeinrichtung der Firma Ströhlein u. Co. in Düsseldorf mit dem *Potentiometer*, dessen Unterteilungswiderstände der Meßleitung mit einer Kurbel abgegriffen werden. Zur Kontrolle und Eichung wird ein eingebautes Kadmiumnormalelement verwendet.

Schließlich sei auf das Universal-Potentiometer und Röhren-Potentiometer der Firma F. Hellige u. Co. in Freiburg im Breisgau hingewiesen. Letzteres besitzt bei einfacher Bauweise eine Genauigkeit von 1 mV, was ungefähr 0,01 p_H entspricht. Das Universal-Potentiometer läßt sich durch Zuschaltung des „Konduktometers" zu einem empfindlichen Leitfähigkeitsmeßgerät ausgestalten.

D. p_H-Messung in kleinen Flüssigkeitsmengen.

1. Allgemeine Gesichtspunkte.

Ursprünglich arbeitete man bei den elektrometrischen p_H-Messungen mit großen Elektroden und Meßgefäßen. Es hatte dies den Vorteil, daß dadurch ohne Änderung des Potentials der Meßkette unter Stromfluß unmittelbar mit Millivoltmetern die Spannung oder mit Milliamperemetern der Elektrodenstrom selbst bestimmt werden konnte. Je kleiner nun bei Mikroverfahren die Berührungsfläche zwischen Elektrodenoberfläche und Meßflüssigkeit gestaltet wurde, um so geringer war die Stromkapazität solcher Ketten. Daher mußte man zu *stromlosen* Meßverfahren im Wege der *Kompensation* greifen, die heute in vollendeter Form die früher beschriebenen Potentiometereinrichtungen ermöglichen.

Nachdem man in den letzten Jahrzehnten den überragenden Einfluß der Wasserstoffionenkonzentration auf alle Vorgänge in der lebenden Zelle und damit auf den Ablauf allen Lebensgeschehens in den Organen und Organismen erkannt hatte, lag es nahe, Messungen ohne Störung des Lebens, z. B. im strömenden Blut oder in der sezernierenden Drüse vorzunehmen oder wenigstens in kleinsten Mengen dem Organismus entnommene Proben von Körperflüssigkeiten auf ihren p_H-Wert zu untersuchen. Hier handelt es sich meist um Kubikzentimeter, die für die p_H-Messung ausreichen müssen und mit denen überdies noch chemische

Mikroanalysen vorzunehmen sind. Versuche, im Inneren von Zellen elektrometrische p_H-Messungen auszuführen, hatten teilweise beachtliche Ergebnisse, wie die Untersuchungen von TAYLOR und WHITAKER (*126*) an Zellen von Nitella gezeigt haben.

Den Bakteriologen interessiert es sehr, die Zellveränderungen von Mikroben bei ihrem Wachstum unter dem Mikroskope und zugleich die damit auftretenden Umsetzungen im Nährsubstrat kennenzulernen, wo gleichlaufende p_H-Bestimmungen unerläßlich sind. Solche Reihenuntersuchungen erstrecken sich über mehrere Tage. Selbst aus Massenkulturen dürfen nur wenige Tropfen des Kulturmediums mit den darin entwickelten Mikroben für die einzelne Messung entnommen werden, um die Kulturmenge nicht unverhältnismäßig stark zu vermindern und dadurch unübersehbare äußere Einflüsse auf den Gang der Bakterienentwicklung zu schaffen. So entwickelte sich im Laufe der Zeit eine große Zahl von Mikroelektroden und Mikroverfahren für die elektrometrische p_H-Messung, zumal jeder Sonderfall seine eigene Einrichtung erfordert. Sie alle zu beschreiben, würde zu weit führen. Es sollen nur Typen für größere Arbeitsgebiete herausgegriffen werden, deren fallweise Abwandlung und Anpassung sie für viele Sondergebiete gebrauchsfähig macht.

Überblickt man das Schrifttum über die Mikroelektroden, kommt man zu dem einigermaßen bedauerlichen Ergebnis, daß eine *Universalmikroelektrode für elektrometrische p_H-Messungen überhaupt noch nicht vorhanden ist* und wahrscheinlich in Zukunft auch nicht vorhanden sein wird. *Nach wie vor ist jeder Untersucher angewiesen, sich die seinem Sonderfalle dienliche Elektrodengestaltung selbst zu erfinden* oder bereits bekannte Typen von Elektroden für seinen Zweck anzupassen und umzugestalten. Vor allem gilt dies für jene Elektroden, die für die Messung sehr kleiner Flüssigkeitsmengen bestimmt sind, die nur Bruchteile eines Kubikzentimeters, also nur einige Tropfen, ausmachen. Hier stellen sich im Aufbau und in der Anwendung mitunter bedeutende Schwierigkeiten ein.

Als Grundregel kann gelten, wenn irgend möglich, sich in der Bemessung der Menge der Meßflüssigkeit, also der zu untersuchenden Lösung, dem Kubikzentimeter zu nähern oder, noch besser, ihn zu überschreiten.

Konzentrationsänderungen durch Verdunstung bei Verwendung nur weniger Tropfen von Meßflüssigkeit sind stets in Betracht zu ziehen. Sie lassen sich durch die Wahl der Größe der Meßkammer und Erhaltung einer wasserdampfgesättigten Atmosphäre in ihr praktisch vollkommen ausschalten.

Schwieriger lassen sich die *Diffusionsvorgänge* an der Eintauchstelle der flüssigen Leitungsbrücke in einen Meßtropfen von wenigen Zehnteln Kubikzentimetern vermeiden, bzw. auf jenes Höchstmaß herunterzubringen, das sich in der Meßflüssigkeit noch nicht potentialändernd auswirkt. Wenn irgend möglich, stelle man zwischen dem Tropfen, bzw. der geringen Menge Meßflüssigkeit und der Bezugselektrode eine *Kapillarverbindung* her, wobei die Kapillare ebenfalls mit Meßflüssigkeit gefüllt ist. Der Mehrverbrauch an Flüssigkeit ist sehr gering, da ein 1 mm weites Haarrohr in einer Länge von 100 mm nur 78,54 cmm faßt, also nicht einmal $^1/_{10}$ ccm. Wenn mehr Meßlösung zur Verfügung steht, ist der Flüssigkeitskontakt durch eine feinporige Fritte oder entsprechende Tonstäbchen herzustellen. Diese Verbindungen sind den Agarhebern und mit Verbindungsflüssigkeit getränkten Filtrierpapiereinlagen vorzuziehen. Um das Diffusionspotential zu unterdrücken, kann man das in die Meßflüssigkeit ragende Ende der Brücke mit einer Lage dünnen Cellophans verschließen.

Alle *Glasteile* der Apparatur, die mit der zu untersuchenden Lösung in Berührung kommen, müssen aus *schwer löslichem* Glasfluß hergestellt sein, weil die gewöhnlichen Laboratoriumsgläser zu leicht Alkali abgeben und bei wenig gepufferten Lösungen dadurch den p_H-Wert der Meßflüssigkeit verändern. Es tritt dies um so mehr in Erscheinung, wenn die Flüssigkeitsmenge gegenüber der benetzten Oberflächengröße verhältnismäßig klein ist, wie es für die meisten Mikroelektrodengefäße zutrifft.

Da die *Temperatur* der *Meßflüssigkeit* mit jener der *Bezugselektrode* der Einfachheit halber übereinstimmen soll, muß man erstere neben letzterer einige Minuten oder bei größerer Flüssigkeitsmenge länger zwecks Ausgleiches der Wärme stehen lassen. Bei Verwendung von Meßtropfen erfolgt der Temperaturausgleich fast augenblicklich nach dem Aufbringen auf den Tropfenträger.

Unmittelbar vor und nach einer p_H-Messung ist stets die Meßtemperatur zu bestimmen, da deren Kenntnis für die Korrektur des endgültigen p_H-Wertes notwendig ist. Gewöhnlich läßt man dauernd ein Thermometer in die gesättigte KCl-Lösung tauchen.

Weiter ist es zweckmäßig, sich durch einen Tüpfelversuch auf einem *Universal-Reagenzpapier* [z. B. Lyphan L 615 (p_H 1 bis 13) oder L 630 (p_H 5,5 bis 10) Universal-Indikatorpapier Merck (p_H 1 bis 10)] von der *Größenordnung* des zu messenden p_H zu überzeugen, wodurch die Kompensation bei der Messung beschleunigt und möglichst stromlos erreicht wird.

Nach vollendeter letzter Messung ist das *Gerät sofort* entsprechend zu *reinigen* und gebrauchsfertig für die nächste Meßserie staubgeschützt aufzubewahren.

Im allgemeinen hat man zum Aufbau der p_H-Meßkette vier Elektrodenarten zur Verfügung. Die Auswahl wird durch die Sondereigenschaften der zu messenden Flüssigkeit und die in diesem Fall geforderte Genauigkeit der Messung bestimmt. Als praktisch genau ist jene Messung zu bezeichnen, bei der Zehntel p_H unmittelbar messend erfaßt und Hundertstel p_H noch geschätzt werden können. Die Glaselektroden, richtig gehandhabt, gestatten meist, diese Genauigkeit zu erreichen, während die Metallelektroden an eine solche nicht herankommen.

Um besonders bei Mikromessungen mit kleinen und kleinsten Flüssigkeitsmengen fehlerlos arbeiten zu können, ist es unerläßlich, sich über die Wirkungsweise der einzelnen Elektrodenarten im klaren zu sein und ihre Besonderheiten und Vor- und Nachteile zu kennen. Darauf soll nun kurz verwiesen werden.

a) *Platin-Wasserstoff-Elektrode.*

Die gesättigte Platin-Wasserstoff-Elektrode besitzt ein sehr konstantes Potential gegenüber der als Halbelement ausgebildeten Bezugselektrode (meist n/0,1, n/1 oder gesättigte [n/4,1] KCl-Kalomelelektrode).

Sie ist für alle praktisch vorkommenden p_H-Bereiche gleich gut verwendbar, erfordert aber eine sehr vorsichtige und reinliche Behandlung im gebrauchsfertigen, also platinierten Zustand. Wenn sie in ihrer Wirkung nachläßt oder ihre wirksame Oberfläche verdorben wird, ist sie leicht wieder herzustellen, indem man den Elektrodendraht mechanisch und chemisch reinigt und in der im Anhang (E, 11) angegebenen Weise neu platiniert.

Die *Platinwasserstoffelektrode* arbeitet nur dann *meßrichtig*, wenn bei *normalem Druck die Pt-Oberfläche und die Meßflüssigkeit mit Wasserstoff gesättigt* sind. Im Augenblick der Sättigung ist ihr Potential konstant geworden. Daher erfordert der Meßvorgang eine so lange wiederholte Potentialbestimmung der Kette mit der Probe, bis nach einem Intervall von fünf Minuten die gleiche Ablesung erfolgt, bzw. der Kompensationspunkt keine Verschiebung mehr aufweist.

Wenn durch die Anwesenheit freier CO_2 in der Meßflüssigkeit ihr p_H-Wert mitbestimmt wird, muß zur Sättigung mit Wasserstoff ein Gemisch von Wasserstoff und Kohlensäure verwendet und in geschlossener Kammer gemessen werden. Dabei ist nach HASSELBACH (*63*) darauf zu achten, daß dem Wasserstoffgas soviel CO_2 beigemengt wird, als dem Partiardruck der CO_2 in der Meßflüssigkeit entspricht. Bei Blutproben besteht dieses Gasgemisch aus 94,4 Vol.% H_2 und 5,6 Vol.% CO_2. Bei solchen Proben mit einem unbekannten CO_2-Gehalt muß zur Erreichung einer richtigen Messung vorher der Gehalt an CO_2 analytisch bestimmt werden. Darauf ist besonders bei der p_H-Messung von flüssigen Mikrobenkulturen zu achten, bei deren Wachstum Kohlensäure entsteht. Im Anhang finden sich die entsprechenden Korrekturangaben.

In der Wasserstoffatmosphäre sind auch *Spuren* von *Sauerstoff* zu *vermeiden*. Verhältnismäßig geringe Mengen von gelösten gewissen Stoffen, die man als „*Elektrodengifte*" bezeichnet, stören weitgehend Messungen mit der Pt-H_2-Elektrode. Ihre eben noch nicht störende Konzentration läßt sich nur annähernd angeben, da für ihre Wirkung auch die Einwirkungszeit und Elektrodenmetallgröße maßgebend ist. Vermutet man in der Lösung solche Gifte in mäßiger Konzentration, trachtet man durch verstärkten Gasstrom die Wasserstoffsättigung rasch bei nicht eingetauchter, aber mit Meßflüssigkeit benetzter Elektrode zu erreichen. Erst kurz vor der Messung taucht man die Elektrodenspitze oder -kante nur wenig ein, nachdem noch einige Sekunden der Gasstrom durchgeleitet wurde.

Als *Elektrodengifte* erweisen sich die löslichen *Arsenverbindungen* As_2O_3, AsS_3 und AsH_3, dann HCN, H_2S, NH_3, Cl, J, Toluol, Alkaloide und einige Amide. Die Anwesenheit von Methyl-, Äthylalkohol oder Azeton stört nach SHUKOW und WOROSCHOBIN (*65*) die Messung *nicht*.

Nicht zu gebrauchen ist die Pt-H_2-Elektrode für Lösungen, die stark *oxydierende* oder leicht *reduzierbare* Substanzen enthalten, wie Chromsäure, Permanganate, Chlorate usw. oder ungesättigte organische Körper und leicht reduzierbare Farbstoffe. Bei geringen Mengen kann man durch die Verwendung großer Elektroden bei vorsichtiger, langsamer Wasserstoffsättigung zu einem brauchbaren Ergebnis gelangen.

Auch das Vorhandensein stark *reduzierender* Verbindungen macht die Messung mit dieser Elektrodenart unmöglich.

Ebenso wirkt sich Anwesenheit von Verbindungen jener Metalle schädlich aus, die in der Spannungsreihe über dem Wasserstoff stehen (Cu, Ag, Hg, Bi).

Nach den Untersuchungen von NYLÉN (*89*) kann man durch den Ersatz des Platins durch *Palladium* die Messung dadurch beschleunigen, daß es die einmal angenommene H_2-Sättigung längere Zeit hindurch behält. Die Sättigung wird durch Einsetzen der palladinierten Pd-Elektrode in eine n/0,1 Ameisensäure erreicht. Dabei beginnt schon nach 5 Minuten eine lebhafte Wasserstoffentwicklung, die nach weiteren 2 Minuten zur völligen Ladung mit H_2 führt. Die Pd-Elektrode soll sehr wenig zur Polarisation neigen und durch ammoniakhaltige Lösungen in ihrer Wirkung nicht beeinflußt werden. Diesen Befunden nach dürfte das Palladium als Elektrodenmetall für die Herstellung von Mikro-Wasserstoffelektroden manche Vorteile gegenüber dem Platin bieten.

Schließlich muß auf den *Salz-* und *Eiweißfehler* hingewiesen werden, die in größeren Mengen von Eiweiß und Neutralsalzen in der Meßlösung ihre Ursache haben. Hier hilft zweckmäßige *Verdünnung* solcher Lösungen, die gerade bei Eiweiß infolge der Pufferwirkung desselben sehr weit gehen kann.

b) Chinhydronelektrode

Bedeutend schneller und auch einfacher gestaltet sich die Messung des p_H-Wertes mit der Chinhydronelektrode, deren Meßrichtigkeit aber nur dann vorliegt, wenn die zu untersuchende Flüssigkeit mit Chinhydron gesättigt ist und dessen Ionisation im konstanten Verhältnis

$$\frac{C_6H_4(OH)_2}{C_6H_4O_2} = 1$$

verbleibt.

Alle Einflüsse, die dieses Verhältnis stören, beeinträchtigen die Meßerfolge. Diese Elektrode in Verbindung mit einer beliebigen Bezugselektrode, die selbst eine Chinhydronelektrode mit bekanntem Potential sein kann, ist im p_H-Bereich bis p_H —9,5 anwendbar und hat infolge ihrer angenehmen Eigenschaften auch eine weite Verbreitung gefunden, zumal in diesem p_H-Bereich die meisten Bestimmungen zu machen sind. Ihre Vorteile überwiegen die Nachteile.

In jeder Meßkettenkombination stellt sich das *konstante Potential* sehr schnell ein, so daß die Messung nur wenige Minuten Zeit erfordert.

Die Lösung des Chinhydrons in der Meßflüssigkeit erfolgt ebenfalls sehr rasch bis zur Sättigung, ohne daß durch diese Substanz irgendeine

Verschiebung der Wasserstoffionenkonzentration zu befürchten ist. Da sich nur wenig Chinhydron im Wasser löst, genügt ein Zusatz von etwa 1%.

Die *Vergiftungsgefahr* dieser Elektrode ist insofern *geringer* als jene der Pt-H_2-Elektrode, da von den dort angeführten Elektrodengiften etwas größere Mengen noch wirkungslos bleiben. Jedenfalls ist aber auch hier große Vorsicht geboten.

Kohlensäurehaltige Flüssigkeiten, wie Blut, Gewegesäfte u. dgl., können in geschlossener Meßkammer ohne weiteres der Messung mit richtigen Ergebnissen unterzogen werden.

Unter luft- und lichtdichtem Verschluß ist das Chinhydron *unbegrenzt haltbar*.

Diesen nicht zu unterschätzenden Vorteilen stehen auch *Nachteile* gegenüber, die aber größtenteils bei überlegtem Gebrauch der Chinhydronelektrode weitgehend unwirksam gemacht und ausgeschaltet werden können.

Über p_H —9,5 hinaus läßt sich die Elektrode kaum erfolgreich benutzen, da die stark *alkalische* Reaktion der *Meßflüssigkeit* das Gleichgewicht Hydrochinon—Chinon empfindlich stört und zur Abgabe von H-Ionen in die Flüssigkeit führt. Dazu kommt noch eine Salzbildung des Hydrochinons infolge seines Verhaltens als schwache Säure. Ersteres erklärt sich aus folgender Ionisation des Hydrochinons:

$$C_2H_6(OH)_2 \rightleftarrows C_6H_4(OH)O' + H^{\cdot},$$

$$C_2H_6(OH)O^{\cdot} \rightleftarrows C_6H_4O_2'' + H^{\cdot}.$$

Nach Biilmanns (*57*) Untersuchungen fällt das Meßergebnis durch diese Einflüsse bei p_H —8,5 um 0,01 und bei p_H —9 um 0,02 bis 0,03 Einheiten *niedriger* aus. In gut gepufferten Lösungen scheidet die Wirkung der abgegebenen $H^{\cdot}$ so gut wie ganz aus, da der Puffer diese bindet.

Bei alkalischer Reaktion wirkt auch der *Luftsauerstoff* schnell und stark sowohl auf das Hydrochinon als auch auf das Chinon ein, wodurch ebenfalls das konstante Verhältnis beider gestört wird. Dabei besteht die Beziehung, daß mit zunehmendem p_H-Wert im alkalischen Ast ein starker Anstieg der O-Wirkung eintritt, die bei p_H —9 bereits so schnell erfolgt, daß dadurch jede genaue Messung unmöglich gemacht wird, wie aus den eingehenden bezüglichen Untersuchungen von la Mer und Rideal (*58*) zu ersehen ist. Dieser Einfluß kann durch eine Sättigung der Meßflüssigkeit mit reinem Stickstoff und Füllung der Meßkammer mit diesem inerten Gas ausgeschaltet werden.

Auch der *Salzfehler* darf dann nicht vernachlässigt werden, wenn der Salzgehalt in der Meßlösung 0,5 normal übersteigt. Bei geringeren Konzentrationen beeinträchtigt er das Meßergebnis praktisch nicht. Hoher Salzgehalt verändert die Kettenspannung in negativem oder positivem Sinne in Abhängigkeit von der Art des anwesenden Salzes. Biilmann (*57*) hat nach Befunden von Lindström-Lang (*57*) die nach dem Vorzeichen zu- oder abzurechnenden p_H-Differenzen (Δ/p_H) für verschiedene Salze zusammengestellt. Die folgenden Beispiele sind daraus entnommen:

Tabelle 24.

Salz	Gehalt		Δ/p_H
	normal	%	
NaCl	0,4	2,34	— 0,02
KCl	2,0	14,91	— 0,09
$MgSO_4$	1,0	12,04	+ 0,017
$(NH_4)_2SO_4$	0,5	7,51	+ 0,019
$(NH_4)_2SO_4$	1,0	15,02	+ 0,038
$(NH_4)_2SO_4$	3,0	45,06	+ 0,116

Die Zusammenstellung zeigt einerseits den *geringen* Einfluß niederer Salzgehalte und anderseits, daß diesen kleinen Differenzen Salzkonzentrationen zukommen, die in biologischen und biochemischen Lösungen und Flüssigkeiten gewöhnlich nicht annähernd erreicht werden. Sollte es dennoch der Fall sein, wie beispielsweise in Kulturmedien für halophile Bakterien, kann man sich vor ihnen durch Verdünnung der Meßprobe schützen, wenn sie ausreichend gepuffert ist. Um nach Tafelangaben Korrekturen vornehmen zu können, muß die Art des vorliegenden Salzes und seine Konzentration bekannt sein.

Viel schwieriger ist dem „*Fettfehler*“ beizukommen. Ihn verursacht in der Meßflüssigkeit fein verteiltes Fett, wie es sich beispielsweise in der Milch befindet. Er wirkt sich in einer Erhöhung der p_H-Werte aus. Von UNMACK (*64*) wurden diese Fetteinflüsse auf die Chinhydronelektrode untersucht, wobei sich die wahrscheinlich richtige Annahme aufdrängt, daß der *Fettfehler*, der häufig in biologischen Flüssigkeiten auftritt, auf die größere Fettlöslichkeit des Chinons gegenüber dem Hydrochinon zurückgeht. Dadurch entsteht eine Inkonstanz des Chinon-Hydrochinon-Verhältnisses, die wir als tiefgehend die Meßergebnisse beeinflussend erkannt haben.

Auch ein über 2% betragender *Eiweißgehalt* der Meßlösung erzeugt Fehlmessungen. Diesen Proteinfehler in seiner Auswirkung untersuchte LINDSTRÖM-LANG (*60*). Er erkannte ihn als sehr wechselnd und zahlenmäßig allgemeingültig nicht sicher erfaßbar. Auf ihn ist vornehmlich in natürlichen Körpersäften und Eiweiß-Ferment-Ansätzen zu achten. Abhilfe kann durch Verdünnung leicht geschaffen werden, da es sich um gepufferte Lösungen handelt.

Außer dem Chinhydron wurden noch einige andere chemische Systeme gefunden, die ein gleiches Verhalten wie die Wasserstoffelektrode mit konstantem und p_H-unabhängigem Wasserstoffdruck zeigen. So beschreiben unter anderen CLARK (*61*) eine „Chloranil“- und BILLMANN (*62*) die „Alloxantin“-Elektrode, die sich aber trotz mancher Vorteile bis jetzt nicht allgemein durchsetzen konnten.

c) *Glaselektrode.*

Die Glaselektrode hat unbestritten den Vorteil, für alle Flüssigkeiten und auch dünnbreiige Substrate gebraucht werden zu können, und ist bei richtiger Instandhaltung und Aufbewahrung lange Zeit konstant.

Für sie gibt es *keine Elektrodengifte*.

In ihrer *Formgestaltung* kann sie an die einzelnen Sondermeßfälle gut *angepaßt* werden. Unter Verwendung entsprechender Meßgefäße reicht man schon mit *Bruchteilen* eines *Kubikzentimeters Flüssigkeit* aus.

Eine *Beeinflussung* der *Glasoberfläche* ist bei den kurzen Eintauchzeiten während einer Messung selbst bei etwas aggressiven Flüssigkeiten nicht zu befürchten.

Besonders in Laboratorien und Betrieben, in denen täglich Meßreihen laufen, hat sie alle anderen Elektroden fast vollständig verdrängt.

Die *metallisierten Glaselektroden* erleichtern und vereinfachen die p_H-Messung außerordentlich.

Sie haben nur den Nachteil, empfindlichere Nullinstrumente bei Feinmessungen zu verlangen und für mechanische Einwirkungen sehr empfindlich zu sein. Bei überlegter und vorsichtiger Behandlung zählen Bruchschäden zu den Seltenheiten.

Ihre *Lebensdauer* ist natürlich beschränkter, da sich durch den häufigen, wenn auch normalen Gebrauch die Oberfläche der zarten Membran allmählich verändert und damit wechselnde und mitunter sprunghaft sich ändernde Potentiale auftreten.

Sobald sich diese Erscheinungen trotz einwandfreier Meßkettenkontakte einstellen, ist die Elektrode verbraucht und durch eine neue zu ersetzen.

Die Glaselektrode gibt nur dann richtige Meßwerte, wenn die *Elektrodenhalsoberfläche* vollkommen trocken und rein ist. Stets überziehe man sie mit Paraffin durch Auftragen einer dünnen Schicht Paraffinlösung in Tetrachlorkohlenstoff (S. 24). Dadurch vermeidet man sicher die Ausbildung einer dünnen Wasserhaut an der Oberfläche, die sie leitend machen und dadurch die Meßgenauigkeit vermindern würde.

Sehr beachtenswert sind die Betrachtungen von DALLEMAGNE (*120*) über die p_H-Bestimmung mittels der Glaselektrode, die darin gipfeln, daß jede einzelne Glaselektrode die für sie charakteristischen Kennwerte besitzt, die bekannt sein müssen, um richtige und reproduzierbare Meßergebnisse zu erhalten. Diese Kennwerte sind: das Asymmetriepotential, die Eichgerade mV/p_H und die Eichgerade $mV/T°$. Sie erreichen erstmalig ihre Konstanz nach etwa 15 Tagen und müssen im Laufe des Gebrauches öfter nachkontrolliert werden. Die Eichgerade mV/p_H ergibt sich aus Messungen des Kettenpotentials unter Verwendung der gewählten Bezugselektrode und verschiedener Meßflüssigkeiten von genau bekannten p_H-Werten für eine einheitliche Temperatur. Analog enthält die zweite Eichgerade die den verschiedenen Temperaturen zugeordneten Spannungen in Millivolt.

Auch auf das *Meniskuspotential* darf nicht vergessen werden. Es stellt sich dann störend ein, wenn die Oberfläche der Meßflüssigkeit an die wirksame Glasmembran grenzt. Daher muß die Flüssigkeitsoberfläche stets den dickwandigen Glasschaft der Elektrode berühren, also die Membran demnach vollkommen eingetaucht sein, worauf YOSHIMURA (*121*) schon begründend hinwies und was KAHLER und DE EDS (*122*) untersuchten.

Im übrigen ist besonders auf die *Meßtemperatur* zu achten und sind entsprechende Korrekturen nach den Tabellen und Kennwerten vorzunehmen. Die *Glaselektroden mit Metallbelag* dürfen nur bis zu Temperaturen von *höchstens 40° C* verwendet werden. Bei den anderen kann bis zu 70° gearbeitet werden.

d) Metallelektroden.

Von den Metallelektroden hat die „*Antimonelektrode*" eine weitere Verbreitung gefunden, da sie in ihrem Aufbau einfach ist und vielseitig verwendet werden kann.

Besonders zu beachten ist, daß ihre *Oberfläche* im Gebrauch peinlichst rein gehalten wird, weshalb das Antimonstäbchen vor jeder Messung mit feinstem Schmirgelpapier vorsichtig abzureiben ist. Bei gerührter Meßflüssigkeit erhält man im allgemeinen bessere Meßergebnisse. Jedenfalls ist eine Sättigung der Meßflüssigkeit mit Luftsauerstoff notwendig.

Wenn auch nach der Theorie eine strenge *Abhängigkeit* zwischen dem *Potential der Antimonelektrode* und *dem in der Meßflüssigkeit* bestehenden p_H-Wert vorhanden sein soll, zeigt doch die Praxis, daß dies nicht so vollkommen der Fall ist. Insbesondere ist auf das Vorhandensein eines Redoxpotentials in der Untersuchungslösung zu achten, wie FISCHBECK und EIMER (*116*) und andere feststellten. Da jede Elektrode in dieser Hinsicht ihre Eigenart hat, gehört zu jeder derselben die ihr zugehörige Eichkurve oder Korrekturtabelle, die den käuflichen Antimonelektroden vielfach beigegeben werden. Jedenfalls ist es notwendig, sie besonders nach längerem Nichtgebrauch der Elektrode nachzuprüfen.

Weiter soll man eine und dieselbe Antimonelektrode immer nur für ähnlich zusammengesetzte Meßsubstrate gebrauchen, nachdem man sie mit Standardlösungen geeicht hat, die die gleichen Stoffe nebenbei enthalten. Unter Einhaltung dieser Erfahrung wird man sehr gleichmäßige Meßergebnisse erzielen. Dies ist ja auch der Grund, warum sich diese Elektrode zur Betriebskontrolle so gut bewährt hat.

Die *Temperatur* wirkt sich auf das Potential ziemlich stark aus, weshalb diesbezüglich Korrekturen der erhaltenen p_H-Werte vorzunehmen sind. Für jeden Grad der Temperatursteigerung findet eine von dem verwendeten Halbelement und dem herrschenden p_H-Wert abhängige *Potentialzunahme* statt, die nach SHUKOFF und AWSEJEWITSCH (*52*) für ihre elektrolytisch hergestellten Elektroden in Tab. 25 erscheinen.

Tabelle 25.

Für p_H	mit gesättigter Kalomelelektrode	mit n/0,1 Kalomelelektrode
	Potentialsteigerung pro 1° Temperaturzunahme in mV	
3	0,7	1,1
5	1,2	1,7
7	1,8	1,9
9	2,9	2,3

Daher gilt die Eichkurve einer Antimonelektrode nur für die Eichtemperatur.

Die Antimonelektrode kann im p_H-*Bereich 2 bis 12* verwendet werden. Sie bewährt sich gerade dort gut, wo weder die Pt-H_2- noch die Chinhydronelektrode brauchbar sind, wie in Lösungen mit stark reduzierenden Stoffen, mit Chromsäure, Blausäure usw.

Die Verwendung großoberflächiger Antimonelektroden in Verbindung mit ebensolchen Kalomelhalbelementen liefert Meßketten, deren Spannung direkt mit Millivoltmetern gemessen werden kann, was Registriermessungen sehr wesentlich erleichtert. Allerdings besteht dabei die *Polarisationsgefahr*, die die Meßergebnisse verschlechtert.

2. Mikrowasserstoffelektroden.

Besonders jene Untersuchungsgebiete erfordern Mikro-p_H-Meßelektroden, die entweder jeweilig über kleines Untersuchungsmaterial verfügen oder über ein solches, das wegen Abgabe freier Kohlensäure nur in Meßkammern von kleinem Volumen behandelt werden darf. Trotzdem muß immer eine Sättigung der Meßflüssigkeit und der Platin- oder Palladiumelektrode mit Wasserstoff gewährleistet sein. In erster Linie eignet sich dazu die Methode mit der „*stehenden Wasserstoffblase*".

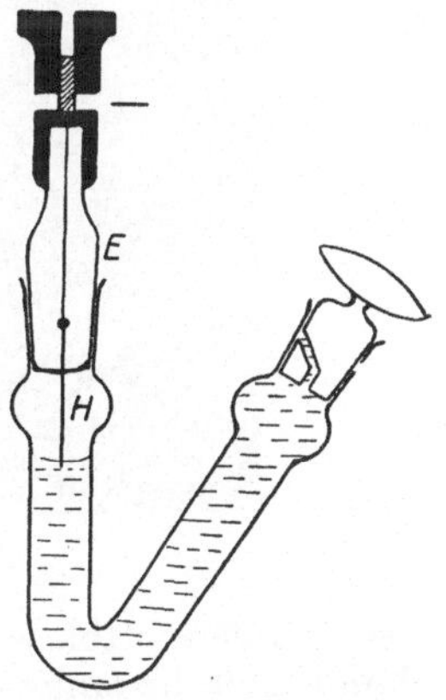

Abb. 42. U-Elektrode.

Für *kleine Flüssigkeitsmengen*, worunter mehrere Kubikzentimeter verstanden sein sollen, ist die *U-Elektrode* von MICHAELIS (*6*) geeignet, die in einigen Varianten der Größe verwendet wird. In Abb. 42 ist sie in jener Form skizziert, in der sie in unserem Laboratorium verwendet wird. Sie erfordert zu ihrer Füllung ca. 2,5 ccm Meßflüssigkeit. Sie wird wie folgt meßbereit gemacht. Die neue Elektrode samt dem U-Gefäß wird mit Chromschwefelsäure gründlich gereinigt, mit destilliertem Wasser gespült und getrocknet, was im staubfreien elektrisch geheizten Trockenschrank (100°) in wenigen Minuten erfolgt. Nun werden die beiden Glasstopfen mit stremgem Hahnfett so viel versehen, daß beim Eindrehen derselben der Schliff gerade durchsichtig wird. Hierauf wird die Platinelektrode in der im Anhang E beschriebenen Weise platiniert und elektrolytisch mit Wasserstoff gesättigt. Nach gründlicher Wasserspülung wird die Elektrode fix in das Meßgefäß eingesetzt und vom zweiten Schenkel aus die Füllung mit der Untersuchungslösung so vorgenommen, daß sie den ganzen Elektrodenschenkel blasenfrei erfüllt und im längeren offenen Schenkel bis zu einem Drittel seiner Länge steht. Vor jeder Meßserie, bzw. einmal beim Arbeitsbeginn ist eine Standardmessung zu machen, wozu man am besten die Standardazetatlösung benutzt. Damit kontrolliert man die Elektrode und die Kalomelbezugselektrode. Hierauf leitet man unter leichter Neigung des Gefäßes durch ein ausgezogenes Glasrohr reinen Wasserstoff so ein, daß sich die langsam aufsteigenden

Bläschen um die Platinelektrode sammeln. Man läßt die Flüssigkeit so lange durch den einströmenden Wasserstoff in den offenen Schenkel drücken, bis der Platindraht ungefähr 1 mm tief eingetaucht bleibt. Nun füllt man den offenen Schenkel fast bis zur Bohrung des Halses mit der Meßflüssigkeit auf und setzt sehr vorsichtig den Stopfen ohne Drehen so ein, daß die seitliche Hahnbohrung mit dem Loch im Halsschliff korrespondiert. Dadurch fließt der Flüssigkeitsüberschuß durch die Hahnbohrung ab und eine luftblasenfreie Füllung ist gewährleistet. Sobald der Stopfen sitzt, wird er unter mäßigem Druck um 180° gedreht und damit der Ausfluß verschlossen. In Abb. 43 sehen wir die gefüllte Elektrode mit

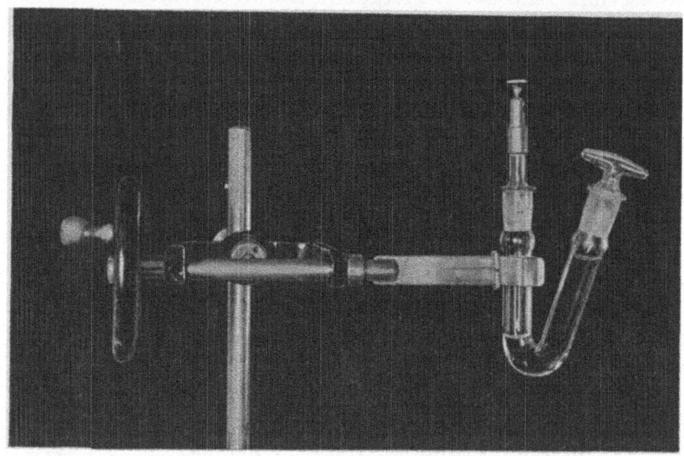

Abb. 43.

der Wasserstoffblase in dem Drehstativ nach MICHAELIS eingespannt, damit sie sehr langsam 40- bis 50mal gerollt werden kann. Dabei sättigt sich die Meßflüssigkeit und der Elektrodendraht mit Wasserstoff. Nun wird sie in der in Abb. 42 wiedergegebenen Lage fixiert und mit ihrer Klemmschraube an die negative Seite des Potentiometers angeschlossen. Der Stopfen des langen Schenkels wird vorsichtig entfernt und mit einem Agarheber oder einem anderen Elektrolytschlüssel die Verbindung mit der KCl-Lösung des gesättigten bzw. gewählten Kalomelhalbelements hergestellt und dessen Klemme an die positive Klemme des Meßgerätes geschaltet. Nun wird nach den früher geschilderten Meßregeln das Potential der Kette festgestellt, das mitunter schon nach 5, meistens aber erst nach 10 bis 15 Minuten konstant geworden ist. Manchmal dauert es viel länger. Die Berechnung des p_H erfolgt unter Berücksichtigung der Meßtemperatur nach der allgemeinen Formel:

$$p_H = \frac{E_K - E_{Kal}}{K_f},$$

worin E_K = gemessene Spannung der Kette, E_{Kal} = Potential der Kalomelelektrode und K_f (im Schrifttum auch als ϑ und δ bezeichnet) der Umrechnungsfaktor der Konstanten ist. Die Werte von E_K und K_f sind aus den Tabellen des Abschnittes E der Meßtemperatur entsprechend zu entnehmen. Unter Verwendung der Standardazetatlösung hätte sich bei 18° z. B. eine E_K von 515 mV ergeben. Demnach ist nach obiger Gleichung

$$p_H = \frac{515 - 250,3}{57,7} = 4,58.$$

Da die sorgfältig bereitete Standardazetatlösung aber tatsächlich den p_H-Wert 4,62 aufweist, wurde eine zu niedrige Spannung gemessen. Diese Differenz geht auf die verwendete gesättigte Kalomelelektrode zurück, deren Potential richtig für p_H 4,62 517 mV betragen muß. Die Differenz beträgt sonach 2 mV. Für alle kommenden Messungen ist dem Ergebnis der Spannungsmessung bei der Berechnung diese Differenz von 2 mV zuzuzählen und bildet allgemein die Korrekturspannung. Wenn sich eine solche Differenz zeigt, ist die Kontrollmessung zur Eichung der Bezugselektrode mindestens dreimal zu wiederholen, wobei die erhaltenen Werte übereinstimmen müssen. Ist dies nicht der Fall, dann ist der Fehler in schlechten oder schlotterigen Kontakten der Meßkettenverbindungen zu suchen und zu beheben.

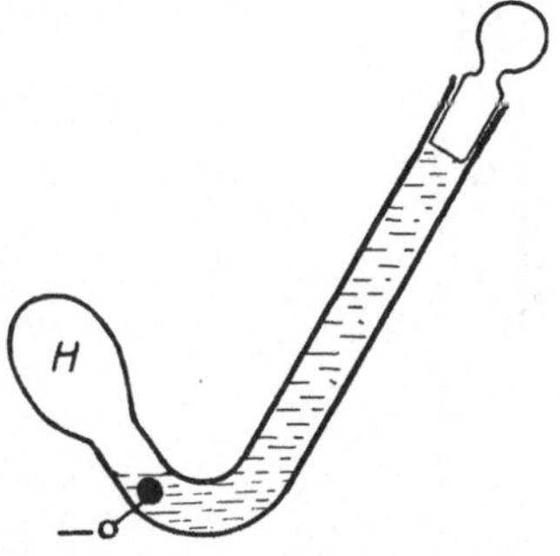

Abb. 44. BAILEY-Elektrode.

Die jedesmalige Entleerung der U-Elektrode erfolgt *ohne* Öffnung des den Platindraht tragenden Stopfens durch den längeren Schenkel. Dann wird mit destilliertem Wasser gut gewaschen und nach Abrinnen desselben die unbekannte Meßlösung in derselben Weise eingefüllt und meßbereit gemacht. Die vorbeschriebenen Potentiometer machen jede p_H-Berechnungsarbeit überflüssig, denn ihre p_H-geeichten Skalen lassen die p_H-Werte unmittelbar ablesen und diese bedürfen nur mehr der Temperaturkorrektur. Beim Fehlen von p_H-Skalen am Potentiometer bedient man sich zur Ersparung der Rechnungsoperationen ausgearbeiteter Tabellen, wie solche von YLLPÖ (*69*) und anderen vorliegen.

Eine Vereinfachung dieser *U-Elektrode* bildet die auch für kleine Flüssigkeitsmengen von 2 bis 3 ccm bestimmte BAILEY-Elektrode, die in Abb. 44 schematisch gezeigt ist und gegenüber ersterer den Unterschied aufweist, daß nur ein Stopfen verwendet und die Wasserstoffelektrode im unteren Teil des dauernd geschlossenen Schenkels eingebaut ist. Sie benötigt etwa die gleiche Meßflüssigkeitsmenge wie die U-Elektrode. BAILEY (*67*) verwendet platiniertes Gold, an dessen Stelle aber auch Platin treten kann, und läßt während der Messung das ganze Scheibchen in der Meßflüssigkeit untertauchen. Die Platinierung muß im Gefäß selbst vorgenommen werden. Die Füllung mit Meßflüssigkeit und die Überprüfung mit Standardazetat geschieht in der für die U-Elektrode empfohlenen Art.

Beide Elektroden werden außer Gebrauch mit destilliertem Wasser so gefüllt aufbewahrt, daß der kürzere Elektrodenschenkel, also die Elektrodenmetalle vollkommen unter Wasser sind.

Nach den gleichen Grundsätzen in allerdings etwas kostbarerer Form als die U-Elektrode ist die *Wasserstoffelektrode* von SCHMITT (*68*) gestaltet, deren Bild Abb. 45 im Schnitt wiedergibt. Sie ist bei einem inneren Durchmesser von 9 mm etwa 50 mm lang, so daß ihr Volumen ungefähr 3 bis 3,5 ccm beträgt. Vorbereitet wird sie wie die U-Elektrode. Die Füllung ist insofern anders, als man bei geschlossenem unteren Hahn nach Abnahme des Elektrodenstopfens bei langsamem Einströmen von Wasserstoff durch das Seitenrohr bis zu dessen Einmündung in die Meßkammer die Untersuchungsflüssigkeit einfüllt. Dann schließt man den Wasserstoffhahn und füllt bis zum Schliff weiter auf. Jetzt wird der Elektrodenstopfen luftblasenfrei eingesetzt und nach vorsichtigem Öffnen des unteren Hahnes behutsam H_2 einströmen gelassen. Sobald die Metallelektrode gerade noch in die Flüssigkeit eintaucht, sperrt man den H_2-Strom und den unteren Hahn. Nach guter Durchschüttelung der Meßflüssigkeit mit der H_2-Blase bei geschlossenen Hähnen ist die Elektrode meßbereit. Die Elektrolytverbindung mit der Bezugselektrode erfolgt durch geringes Öffnen des unteren Hahnes bei senkrecht in die KCl-Lösung eingetauchtem Ausflußrohr. Die weitere Potentialmessung und Berechnung spielt sich normal ab. Für CO_2-haltige Flüssigkeiten, wie Blut, Serum usw., ist die Elektrode besonders empfehlenswert.

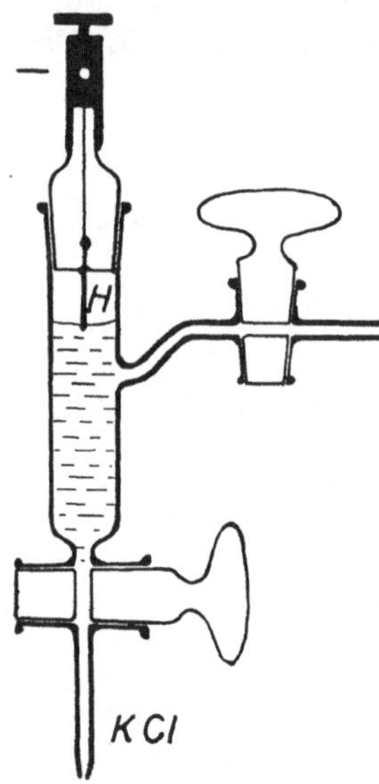

Abb. 45. Elektrode von SCHMITT.

Anschließend an die Erfahrungen HASSELBACHS und in Modifikation von dessen *Schüttelelektrode* baute CLARK (*61*) eine ziemlich komplizierte Schüttelelektrode, die von einem kleinen Elektromotor vor und während der Messung geschaukelt wird. Sie veränderte CULEN (*76*) nur dadurch wenig, daß er noch ein Thermometer einführte. SIMMS (*72*) konstruierte eine der CLARKschen Einrichtung ähnliche Elektrode mit umgebendem Wassermantel zur Temperaturkonstanthaltung. Sie erfordert zur Messung nur 2 ccm Lösung. Verwiesen sei noch auf die kleine Ausführung der HASSELBACHschen Elektrode mit stehender Wasserstoffblase.

Im Laufe der Jahre ist eine Reihe von „Blutelektroden" beschrieben worden, die meist besonderen Untersuchungszwecken dienen und dementsprechend für sie in erster Linie in Frage kommen. Erwähnt sei die Blutelektrode von CLENDON (*71*), die im wesentlichen eine größere Blut-Gaskammer für die H_2-Sättigung und verbunden angeschlossen eine kleinere Meßkammer mit der Metallelektrode hat. Der Blutverbrauch beziffert sich jedoch auf mehrere Kubikzentimeter.

Ebenso zahlreich sind heute schon *Wasserstoffmikroelektroden*, die mit größeren oder kleineren Bruchteilen eines Kubikzentimeters Flüssigkeit beschickt werden, jedoch auch keine universelle Verwendbarkeit gestatten. Auch sie dienen in erster Linie bestimmten Untersuchungen. Davon sei die Mikroelektrode von WINTERSTEIN (*75*) etwas genauer beschrieben, die eine vielseitigere Verwendung ermöglicht. Ihre Einrichtung und Bedienung veranschaulicht die Abb. 46, welche etwas schematisiert ist. Die Meßkammer *M*, deren Inhalt 100 cmm nicht überschreitet, sitzt auf dem rechtwinkelig gebohrten Hahn, der, wie in der Skizze gestellt, die Verbindung der Rohre *B* und *V* untereinander und mit *M* unterbricht oder wahlweise herstellt. Die Meßkammer besitzt zwei Schliffanschlüsse zur Aufnahme der Elektrode *E* und der Pipette *P*. Letzterer dient gleichzeitig zur Wasserstoffeinleitung. Der Einsatz mit der Metallelektrode *E* weist eine in die Meßkammer mündende und in bestimmter Stellung sie mit dem Rohre *A* verbindende Rinne auf. Zur Herstellung der Meßbereitschaft wird der Hahn *H* *ungefettet* eingesetzt und nach Einstellen der Rohre *V* und *A* in die gesättigte KCl-Lösung, bzw. in ein Gefäß mit Wasser so gedreht, daß *V* mit *B* verbunden ist. Von *B* aus wird nun KCl-Lösung bis zum Ansatz des Rohres aufgesaugt und der Hahn einige Male durchgedreht, um einen kapillaren Elektrolytschlüssel zur Verbindung der Meßflüssigkeit mit der Kalomelbezugselektrode über den geschlossenen Hahn zu bekommen. Nun wird mit dem Hahn die Verbindung von *B* zur Kammer hergestellt, die Pipette entfernt und über *B* Wasserstoff eingeleitet, der bei eingesetzter Elektrode durch *W* entweicht. Hierauf dreht man die Elektrode so, daß ihre Rinne mit dem Rohr *A* kommuniziert. Die mit ungefähr 100 cmm Meßflüssigkeit gefüllte Pipette wird eingesetzt. Jetzt strömt der Wasserstoff durch das Rohr *A* ab und perlt im Wasser als Sperrflüssigkeit in die Höhe. Nun wird der Wasserstoffzufluß gesperrt und die Lösung aus der Pipette in die Meßkammer *M* bis etwa $^2/_3$ hoch einfließen gelassen, so daß aber noch einige Zentimeter hoch Flüssigkeit in der Pipette zurückbleibt und dadurch die Meßkammer gesperrt wird. Zunächst verdreht man den Elektrodenstöpsel so, daß sich seine Rinne gegenüber dem Ansatz des Rohres *A*

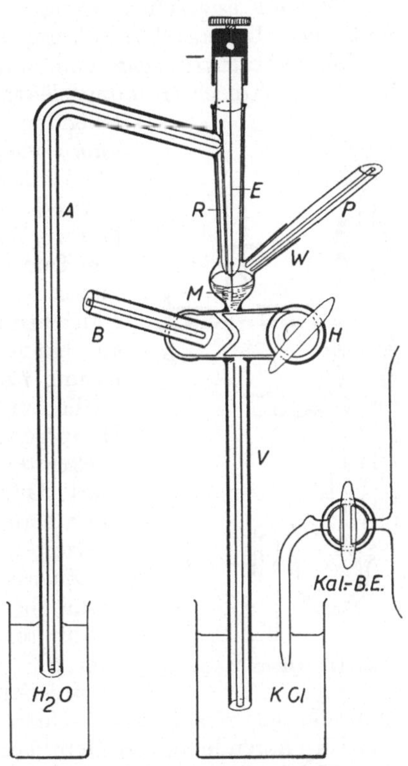

Abb. 46. Elektrode nach WINTERSTEIN.

befindet und dadurch hier die Kammer verschließt. Damit ist die Elektrode nach Anschluß der Bezugselektrode meßbereit.

Hier sei auch auf die *Pipettenelektrode* nach KORDATZKI (*9*) verwiesen, die, denselben Zwecken dienend, nach dem Prinzip der vorigen, aber wesentlich einfacher gebaut ist und demnach das Arbeiten ohne Kohlensäureverlust zuläßt. Als kleinstes Volumen für diese Elektrode können ca. 250 cmm angesehen werden, so daß man mit einem halben Kubikzentimeter Untersuchungslösung reichlich auskommt.

Die *Subkutanelektrode* von SCHADE bildet ein Beispiel für eine nadelförmige H_2-Durchströmungselektrode zur p_H-Messung in den Säften von lebenden Geweben. Für andere Zwecke ist sie kaum geeignet.

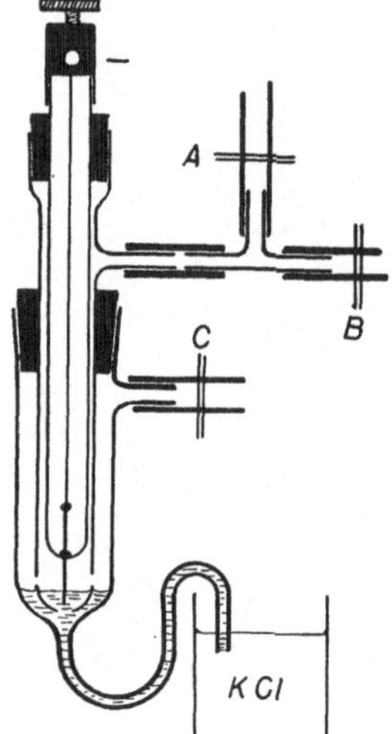

Abb. 47. WILSON-Elektrode.

Schließlich sei noch die sehr einfache *Einsatzelektrode* nach WILSON und KERN (*77*) kurz erläutert, da sie manche Anregung beim Selbstbau von Durchströmungselektroden bietet. Die schematische Skizze der Abb. 47 veranschaulicht deren Einrichtung für sehr kleine Mengen. Sie besteht aus einem Rohr mit einem Seitenansatz als Zuleitung für den Wasserstoff. Unten ist das Rohr seitlich und am Boden mehrfach gelocht. In dem Hauptrohr steckt in einem zweiten Röhrchen die Elektrode aus Platin oder Gold, wie üblich platiniert. Durch die Wahl entsprechend enger Rohre kann man mit sehr kleinen Meßflüssigkeitsmengen auslangen.

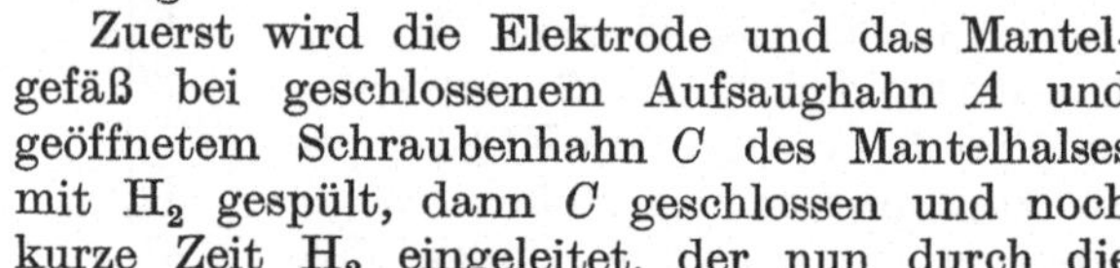

Zuerst wird die Elektrode und das Mantelgefäß bei geschlossenem Aufsaughahn A und geöffnetem Schraubenhahn C des Mantelhalses mit H_2 gespült, dann C geschlossen und noch kurze Zeit H_2 eingeleitet, der nun durch die Mantelkapillare entweicht. Unter *sehr* geringem Gasstrom taucht man das Kapillarende in die Meßflüssigkeit ein, sperrt den Gaszufluß durch den Hahn B und öffnet bei schwachem Saugen A. Jetzt tritt die Meßflüssigkeit in den Mantel und unteren Teil der Elektrode. Sobald das Metallelektrodenende einige Millimeter eintaucht, schließt man A rasch und bringt das Kapillarende in die gesättigte KCl-Lösung. Jetzt ist die Anordnung meßbereit und die Bestimmung in der üblichen Weise durchzuführen.

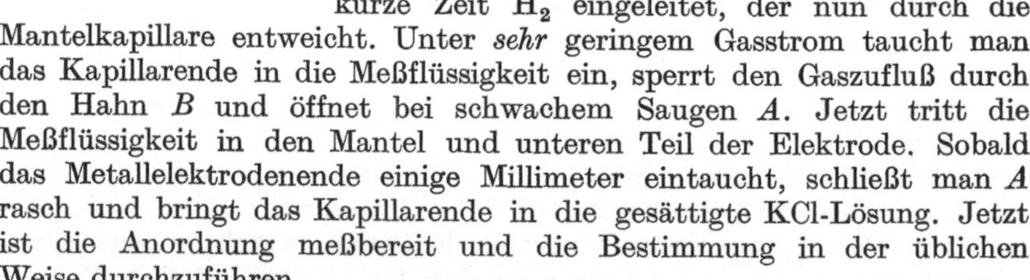

Bei diesem Elektrodenaufbau ist der Gasraum gegenüber dem Flüssigkeitsvolumen sehr groß, was zur Folge hat, daß einwandfreie Messungen CO_2-haltiger Lösungen nur unter Verwendung von entsprechenden Gemischen $H_2 + CO_2$ zur Wasserstoffsättigung gelingen.

Hingewiesen sei auch auf die Mikroelektrode von LÖBERING (*78*) und die Spritzelektrode von HERMANOWICZ (*79*). Wir finden im Schrifttum über Wasserstoffelektroden außer den früher beschriebenen und genannten noch zahlreiche Abwandlungen angeführt, die das Pipetten- und Spritzenansaugprinzip zur Grundlage ihres Aufbaues haben und kleine und kleinste Mengen von Meßflüssigkeit erfordern (*80, 81, 82, 85, 86*) oder zur Messung in Zellen mit Hilfe eines Mikromanipulators zu gebrauchen sind (*82*).

Einen besonderen Weg zur Herstellung der Wasserstoffelektrode beschritt SCHMID,[1] indem er einen dünnwandigen *Kohlenzylinder* außen platinierte und von innen her unter einem Druck von 760 mm Quecksilber

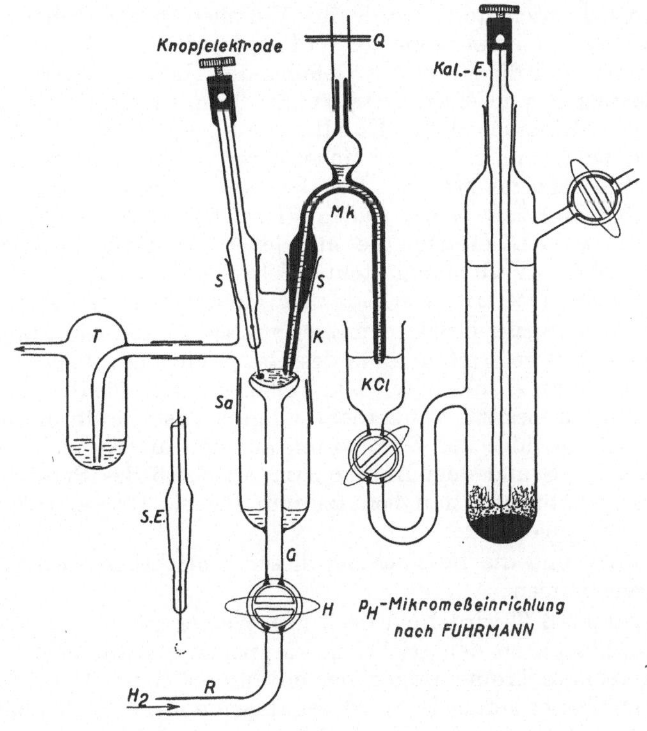

Abb. 48.

den H_2 zur Pt-Schicht führte. Diese *Duffusionselektrode* könnte, entsprechend verkleinert, die Grundlage für eine Mikromeßeinrichtung bilden.

Sehr kompliziert sind für kleine Flüssigkeitsmengen die Apparaturen mit *rotierender Elektrodenscheibe*, wie z. B. eine Einrichtung, die LECOMTE DU NOÜY (*88*) beschrieb.

Zuletzt sei eingehender die Mikroeinrichtung des Verfassers (*83*) in ihrem Aufbau und Gebrauch auseinandergesetzt. Sie leitet sich von der Mikroelektrode von LEHMANN (*84*) ab, die zuerst durch RADSIMOWSKA (*87*) für p_H-Messungen in Mikrobenoberflächenkolonien umgestaltet wurde.

Des Verfassers Meßkammer mit Flüssigkeitsträger in meßvorbereitetem Aufbau zeigt die Abb. 48 im Schnitt. Die ursprüngliche Ausführung hatte

[1] Zitiert nach MISLOWITZER (1), S. 197.

die Elektrode und den Agarheber in Kautschukverbindungen geführt, was bei Dauergebrauch weniger stört, beim Aufbewahren der Apparatur aber zu unliebsamen Verklebungen führt. Im neuen Modell[1] sind sie durch Normalglasschliffe ersetzt, die im Gebrauch gut gefettet werden. Von der Überlegung geleitet, daß eine Vergrößerung des Gasraumes bei Verwendungen passender Mischungen von H_2 und CO_2 die Messung CO_2-haltiger Flüssigkeit nicht ungünstig beeinflussen kann, die Bedienung aber wesentlich erleichtert, wurde ihr Volumen gegen früher ungefähr verdoppelt. Neu ist *Vermeidung* von KCl im Agarheber als elektrolytischer Stromschlüssel und die Form des Gefäßes der Kalomelelektrode. Wenn die Meßflüssigkeit nur einen oder wenige Tropfen ausmacht, wird die Messung beim Eintauchen der Kapillare mit gesättigter KCl-Lösung in den Meßtropfen knapp neben der Meßelektrode durch die unvermeidliche Diffusion dieses Salzes gestört. Bei der *neuen* Anordnung besorgt der *Rest der Meßflüssigkeit in der Füllkapillare Mk selbst die elektrolytische Stromleitung zur KCl-Lösung*, die mit jener der gesättigten Kalomelbezugselektrode in Verbindung steht. Selbst bei sehr langer Meßdauer ist dadurch jeder Übertritt von Salz zum Meßtropfen verhindert.

Der *Meßtropfenteller* im Durchmesser von ca. 13 mm wird unmittelbar vom entsprechend geformten Ende des Gaszuführungsrohres *G* gebildet, das einen Glashahn *H* und unter dem Teller ein Loch für den Gaseintritt in den Meßraum besitzt. Außerdem umgibt das Einführungsrohr ein außen konisch geschliffener Glasmantel, auf den die Kappe *K* mit den beiden Schliffen *S* und dem Ansatz zum Anschluß des Sperrgefäßes *T* luftdicht aufgepaßt ist. Man benutzt nun für die Wasserstoffkette die platinierte Knopfelektrode.

Der Aufbau und die Beschickung dieser Einrichtung wird folgendermaßen vorgenommen:

Das Sperrgefäß *T* wird 1 cm hoch mit Wasser gefüllt und mit einem Kautschukschlauch an den seitlichen Kappenansatz angeschlossen. Der sehr gut gereinigte Tropfenträger, dessen unterer Raum $^1/_2$ cm hoch mit destilliertem Wasser gefüllt ist, wird bei abgenommener Meßkapillare *Mk* und Elektrode in der Kappe *K* luftdicht mit gut gefettetem Schliff eingesetzt und das horizontal abgehende Rohr *R* an die Wasserstoffquelle angeschlossen. Jetzt läßt man einige Minuten einen mäßigen H_2-Strom durch die Apparatur gehen, um die Luft herauszuspülen. Bei fast gedrosseltem Hahn *H* setzt man die dem destillierten Wasser entnommene Elektrode fix ein und sofort die mit der Meßflüssigkeit gefüllte Meßkapillare *Mk.* Jetzt reguliert man den H_2-Fluß so, daß pro Sekunde etwa 2 H_2-Bläschen im Sperrgefäß *T* aufsteigen. Nun läßt man durch vorsichtiges Öffnen des Quetschhahnes *Q* aus der Meßkapillare so lange Flüssigkeit auf den Teller fließen, bis der Knopf der platinierten Elektrode gut eintaucht. Um Flüssigkeit zu sparen, sieht man beim Einsetzen der Meßkapillare darauf, daß beide Schenkel bis zu ihren Enden gefüllt sind. Beim Einsetzen in den Meßraum verschließt man den außen ver-

[1] Erhältlich von der Glasbläserei Kurt Bartelt, Graz, Morellenfeldgasse 15.

bleibenden Schenkel einfach mit der Fingerbeere. Nun schiebt man die Kalomelelektrode (Kal.-E.) so weit mit ihrem Becheransatz über den freien Meßkapillarenschenkel, wie es aus der Abbildung ersichtlich ist. Durch Öffnen der Hähne der Kalomelelektrode läßt man so weit in ihren Becheransatz KCl-Lösung einfließen, bis das Kapillarende etwa 2 mm in die Flüssigkeit eintaucht. Nach Sperrung des Wasserstoffstromes ist die Kette nunmehr meßfertig. Das Potential stellt sich im allgemeinen rasch ein.

Die Einrichtung eignet sich auch vorzüglich zur Messung mit *Chinhydron* und kann in dieser Hinsicht einigermaßen als universell bezeichnet werden.

3. Mikrochinhydronelektroden.

Für die Metallelektrode wird Platin verwendet, das entweder nur gut gereinigt eingetaucht wird oder einen elektrolytischen Goldüberzug erhält. Wir bevorzugen die blanke Platinoberfläche und bewahren die Elektroden außer Gebrauch in Chromschwefelsäure auf, nachdem die Meßflüssigkeit gut abgespült wurde. Will man mit vergoldeter Elektrode arbeiten, führt man die Vergoldung in dem auf S. 77 beschriebenen Gläschen mit einer 1%igen Lösung des Doppelgoldsalzes und des zugehörigen Leitsalzes von Langbein und Pfannhauser mit 4 V Spannung durch. In etwa 5 Minuten ist sie vollzogen.

Die vorher beschriebene Meßkette des Verfassers eignet sich auch für das Chinhydronverfahren sehr gut, wenn man an Stelle der Knopfelektrode die „Siebelektrode" benutzt. Sie ist in Abb. 48 eingezeichnet und besteht aus einem 3 bis 4 mm weiten halbkugeligen Schälchen aus Platin, das an den Elektrodenschaft angeschweißt ist und eine feine Lochung aufweist. Bei Messungen im sauren Gebiet bis in das neutrale läßt man den Blasenzähler T weg und sieht von der Einleitung eines inerten Gases ab. Wenn man die gesättigte Kalomelelektrode als Bezugshalbelement wählt, bleibt die Zusammenstellung entsprechend der Skizze in Abb. 48. Nur die Meßvorbereitung weist kleine Änderungen auf. Zuerst entnimmt man dem Vorratsstandgefäß (Abb. 50, S. 113) mit dem Schälchen der Siebelektrode eine kleine Menge Chinhydron, setzt die so beschickte Elektrode in die Kappe ein und schließt die Klemmschrauben derselben an die Plusklemme des Potentiometers an, während die gesättigte Kalomelelektrode mit der Minusklemme verbunden wird. Jetzt wird, wie früher angegeben, die Meßkapillare Mk mit der Untersuchungsflüssigkeit gefüllt, ebenfalls in den zugehörigen Schliff der Kappe gut sitzend eingefügt und der Meßtropfen auf den Meßteller abgelassen. Durch leichtes Hinundherdrehen der chinhydronführenden Siebelektrode verteilt sich dasselbe rasch im Tropfen und sättigt ihn. Mit dem KCl-Becher der Kalomelelektrode wird die Leitungsbrücke hergestellt und sofort zur Potentialmessung geschritten. Nach längstens 3 bis 4 Minuten ist das konstante Potential erreicht, so daß die ganze Messung nur wenige Minuten erfordert und nach unseren Erfahrungen noch in den Hundertsteln p_H genau ist.

Wenn das Potentiometer keine p_H-Skala besitzt und keine Tabellen zur Hand sind, errechnet man den p_H-Wert unter Zuhilfenahme der Formeln und Zusammenstellung nach KORDATZKI (*9*): Für Chinhydron-gesättigte *oder* n/0,1 Kalomelelektrode gilt die Beziehung:

$$p_H = \frac{D - P_{Kal} - E}{K_f}. \tag{1}$$

Für Chinhydron-gesättigte Kalomelelektrode nimmt man die einfachere Formel:

$$p_H = \frac{D - E}{K_f}. \tag{2}$$

E ist die gemessene Kettenspannung in Millivolt; bei notwendiger Umpolung (Chinhydron negativ) hat man statt $-E$ zu setzen $+E$.

Tabelle 26. Auszug aus der Zusammenstellung von KORDATZKI (*9*).

Meßtemperatur in °C	K_f	P_{Kal}		D	Z
		ges. Kalomelelektrode	N/0,1 Kalomelelektr.		
10	56,1	255,5	—	710,3	8,11
11	56,3	254,8	—	709,5	8,08
12	56,5	254,2	—	708,8	8,04
13	56,7	253,6	—	708,1	8,01
14	56,9	252,9	338,3	707,4	7,98
15	57,1	252,3	338,2	706,6	7,95
16	57,3	251,6	338,1	705,9	7,93
17	57,5	251,0	338,1	705,2	7,90
18	57,7	250,3	338,0	704,4	7,87
19	57,9	249,7	337,9	703,6	7,84
20	58,1	249,0	337,8	702,9	7,82
21	58,3	248,3	337,8	702,2	7,79
22	58,5	247,7	337,7	701,4	7,76
23	58,7	247,0	337,7	700,7	7,73
24	58,9	246,4	337,6	699,9	7,71
25	59,1	245,8	337,6	699,2	7,68

Ein Beispiel: Kettenpotential gemessen 200 mV bei 18° mit ges. Kalomelbezugselektrode:

nach Formel (1):

$$p_H = \frac{704{,}4 - 250{,}3 - 200}{57{,}5} = 4{,}4,$$

nach Formel (2):

$$p_H = 7{,}87 - \frac{200}{57{,}7} = 4{,}4.$$

Will man ohne Tabellen rechnen, benutzt man folgende allgemeine Formeln nach KORDATZKI (*9*):

Chinhydron-gesättigte Kalomelektrode:

$$p_H = \frac{454{,}4 - 0{,}1\,(t - 18°) - E}{57{,}7 + 0{,}2\,(t - 18°)},$$

Chinhydron-n/0,1-Kalomelelektrode:

$$p_H = \frac{366{,}4 - 0{,}67\,(t - 18°) - E}{57{,}7 + 0{,}2\,(t - 18°)},$$

wobei hinsichtlich des Vorzeichens von E das früher Gesagte gilt. Bei Anwendung abgekürzter Rechenverfahren treten kleine Differenzen in den Hundertsteln ein.

Handelt es sich bei der Messung um *alkalische* Lösungen, kann man unter Ausführung der Bestimmung in der *Stickstoffatmosphäre* mit Chinhydron noch bis zu p_H —9,5 befriedigend genaue Ergebnisse erzielen. Hierzu ist die obige Einrichtung des Verfassers sehr gut verwendbar. Man bereitet dann die Messung unter Einschaltung eines Stickstoffstromes vor, der ebenfalls bei R eingeleitet wird. Es darf nur gereinigter Stickstoff verwendet werden, der vor allem frei von O_2 und SO_2 sein

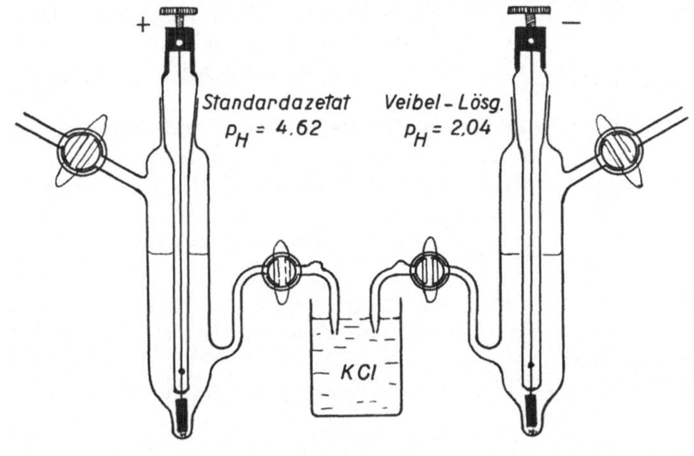

Abb. 49.

muß, was am sichersten dadurch erreicht wird, daß der Stickstoff zuerst durch eine 10%ige Hydrosulfitlösung und von dort durch eine 10%ige Natronlauge tritt und überdies noch über glühendes frisch reduziertes Kupfer geleitet wird, um dann über einen wassergefüllten Blasenzähler in die Meßkammer zu kommen. Die Meßergebnisse sind unter Einhaltung dieser Vorsichts- und Schutzmaßregeln von p_H —7,5 bis p_H —9 sehr gut und streuen erst messungsbeeinträchtigend von p_H —10 an.

An Stelle einer Kalomelbezugselektrode kann man in die Kette eine Chinhydronbezugselektrode einführen, also mit einer „*Doppelchinhydronkette*“ messen. Die Bezugschinhydronelektrode erhält man dadurch, daß man sich als Bezugslösung eine leicht reproduzierbare Lösung von genau bekanntem p_H herstellt. Dazu eignet sich besonders das „Standardazetat“ nach MICHAELIS und das Gemisch von VEIBEL (*14*). Letztere Lösung besteht aus 0,01 n-HCl und 0,09 n-KCl (Herstellung siehe Abschnitt E, S. 126).

Die Bezugselektroden werden am besten nach der Form der Chinhydronelektrode von KOLTHOFF (*90*) gestaltet. Wir benutzen das in der Abb. 49 abgebildete Modell in kleiner Ausführung, um mit wenig Bezugslösung arbeiten zu können. Diese Elektrode wird in der Zusammenstellung der Kette der Abb. 48 an Stelle des Kalomelhalbelements eingesetzt. Es empfiehlt sich, die Bezugslösung nicht über eine Woche zu benutzen und das Potential durch folgende einfache Anordnung vor jedem Meßtag zu überprüfen, da mitunter plötzlich Störungen und Inkonstanz desselben auftreten. Man verbindet einfach zwei Bezugschinhydronelektroden, eine mit Standardazetat, die andere mit VEIBEL-Lösung gefüllt, zu einer Doppelkette, indem man die beiden Lösungen durch konzentrierte KCl-Lösung leitend verbindet, wie es Abb. 50 zeigt. Die Messung muß die Potentialdifferenz in Abhängigkeit von der Differenz der beiden p_H-Werte, also 4,62 — 2,04 = 2,58 ergeben, das heißt, die gemessene Spannung dividiert durch ϑ muß gleich 2,58 betragen. Bei sorgfältiger Herstellung der Lösungen hängt dieser Wert nur von der Brauchbarkeit der Elektroden und der Temperatur ab. Damit hat man gleichzeitig eine Kontrolle für die Elektroden.

Auch bei der Doppelchinhydronkette mit Standardazetat stellt sich das Endpotential sehr rasch, sicher in 1 bis 2 Minuten ein. Nach Feststellung der Meßtemperatur ist die Berechnung des p_H-Wertes sehr einfach, denn es ist das gesuchte

$$p_H = 4{,}62 \pm \frac{\text{gemessene Spannung } E}{\vartheta},$$

wobei man ϑ der Tabelle auf S. 124 oder jener von KORDATZKI auf S. 110 unter K_f entnimmt, da es sich beide Male um den gleichen Temperaturumrechnungsfaktor handelt.

Wird die VEIBEL-Elektrode als Bezug genommen, so ist das

$$p_H = 2{,}04 \pm \frac{E}{\vartheta}$$

oder ganz allgemein:

$$p_H = p_{H\,\text{Bez.}} \pm \frac{E}{\vartheta}.$$

Eine kleine Überlegung erfordert die Anwendung des richtigen Vorzeichens des Ausdruckes $\frac{E}{\vartheta}$. Dabei gilt als Regel, daß die sauerere, also wasserstoffionenreichere Lösung gegenüber einer alkalischeren Lösung stets *positiv* ist. Darnach richtet sich die Anschaltung der Doppelchinhydronkette an das Potentiometer. Für Standardazetat als Bezugslösung werden Meßlösungen mit kleinerem p_H als 4,62 negativ geschaltet und daher der Wert von $\frac{E}{\vartheta}$ subtrahiert. Alle anderen Meßlösungen mit größerem p_H-Wert werden positiv geschaltet und daher $\frac{E}{\vartheta}$ addiert. Kennt man die Reaktion der Meßflüssigkeit nicht, dann gilt für die Anlegung der Doppelchinhydronkette die Faustregel, daß beim Einschalten der Kette in den auf Null kompensierten Brückenkreis, also an die Klemmen des Potentiometers, der Ausschlag des Zeigers des Nullinstruments nach *links* erfolgt.

Wichtig für das Gelingen jeder p_H-Messung ist die Reinheit des Chinhydrons und seine Reinerhaltung bei der Entnahme aus der Vorratsflasche und Aufbewahrung. Die Vorratsgefäße mit eingeriebenen Stöpseln sind deshalb nie verläßlich, weil sich in die aufbewahrte Substanz vom Schliff abgeriebener Glasstaub einschleicht und trotz aller Sorgfalt an der Stöpsel-Flaschenhals-Rinne angesammelte Verunreinigungen und zersetzte dort zurückgebliebene Substanzreste die Reinheit gefährden. Verfasser benutzt zur Aufbewahrung des Chinhydrons aus Jenaer Glas hergestellte Fläschchen mit halbkugeligem Boden und außen aufgeschliffener Kappe ohne jeden Stopfen. Ihr Rauminhalt mißt 15 ccm. Abb. 50 zeigt das Vorratsfläschchen in einem mit einer Kappe *K* versehenen Ständer *S* eingebaut. Dafür und für den Sockel eignen sich die neuen Werkstoffe (Kunstharz) ganz besonders. Wir führen im Laboratorium alle Reagenzien für mikrochemische Zwecke in solchen Kappengläsern.

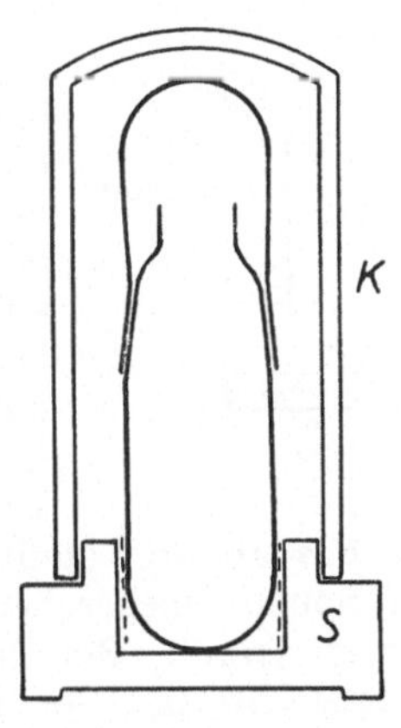

Abb. 50.

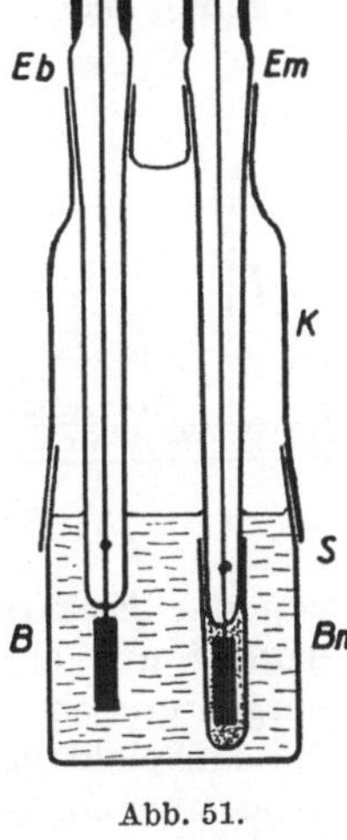

Abb. 51.

Von den vielen mehr oder weniger universell verwendbaren Mikrochinhydronelektroden seien im folgenden einige Beispiele herausgegriffen.

Für Flüssigkeitsmengen unter einem Kubikzentimeter läßt sich die in Abb. 51 dargestellte Doppelchinhydron - *Becherelektrode* verwenden. Sie wurde nach dem Prinzip der Becherelektrode von Mislowitzer (*91*) in vereinfachter Form gebaut. Das Becherglas *B* trägt einen breiten Außenschliff, auf dem die Kappe *K* mit beiden Elektroden sitzt, und eine Füllmarke. Diese tragen Platinelektroden und sind in die beiden Kappentuben mit Normalschliffen eingesetzt. Die Elektrode *Eb* bildet die Bezugselektrode. *Em* ist die Meßelektrode, welche an ihrem unteren Schutzglasteil das Meßbecherchen *Bm* durch einen Schliff gehalten trägt. Es dient zur Aufnahme der Meßflüssigkeit, deren Menge durch die Größe desselben gegeben ist. Wir haben zu den Meßelektroden eine größere Anzahl von solchen Becherchen, die alle Normalschliffe tragen und daher beliebig vertauscht werden können. Zur Meßvorbereitung wird das Becherglas *B* bis zur Marke mit der Bezugslösung gefüllt. Als solche ist die von Veibel empfehlenswert, da sie eine große Leitfähigkeit besitzt. Auch die Standardazetatlösung kann verwendet werden, doch muß man dann meistens einen KCl-Zusatz geben. Mislowitzer nimmt Standardazetat mit der gleichen Menge konzentrierter KCl-Lösung gemischt. Er macht aufmerksam, daß dann der Berechnung nicht 4,62 zugrunde gelegt werden darf, da durch den eingetretenen Salzfehler der p_H-Wert des Standardazetats geändert wird. Daher muß man den p_H-Wert dieser Bezugslösung zuerst bestimmen, wozu man einfach die erste Messung mit der Veibel-Lösung von p_H —2,04 ausführt. Es ist überhaupt bei genauem Arbeiten unerläßlich, vor der täglichen Meßserie mit einer Meßprobe von bekanntem p_H-Wert eine Kontrolle zu machen, um die in der Bezugslösung täglich immer im Umfange von 0,01 bis 0,02 eintretende Änderung bei der Auswertung der Meßergebnisse berücksichtigen zu können.

Nun setzt man beide Elektroden mit gefetteten Schliffen ein, füllt das Becherchen *Bm* bis zur Füllmarke mit der Meßflüssigkeit, gibt ein wenig Chinhydron dazu, *benetzt* den Becherschliff der Elektrode *Em* leicht mit gesättigter KCl-Lösung und setzt dann das Becherchen fest an die Elektrode, wobei etwas Meßflüssigkeit herausquillt. Beide Schliffe müssen fettfrei sein. Nunmehr gibt man die Kappe mit den Elektroden auf das Becherglas. Die Bezugselektrode *Eb* und die das Becherchen tragende Elektrode tauchen in der Bezugslösung unter, wie es die Abb. 51 zeigt. Es ist darauf zu achten, daß sich der äußere Schliffrand des Becherchens *Bm* *stets unter* der Oberfläche der Bezugslösung befindet, damit eine gute elektrolytische Stromleitung durch die Poren der aufeinander sitzenden Schliffflächen gewährleistet ist. Es ist also die ganze Meßkette in einem Gefäß vereinigt. Nach der Messung hebt man die Kappe mit der Elektrode ab, zieht das Becherchen von der Elektrode *Em* ab und spült sie gut mit destilliertem Wasser, worauf mit einem neuen Becherchen sofort die nächste Bestimmung vorgenommen werden kann. Bei Nichtgebrauch des Apparats wird die Meßelektrode entfernt und der bezügliche Kappentubus mit dem beigegebenen Glasstöpsel verschlossen. Die Bezugslösung verbleibt im Becher.

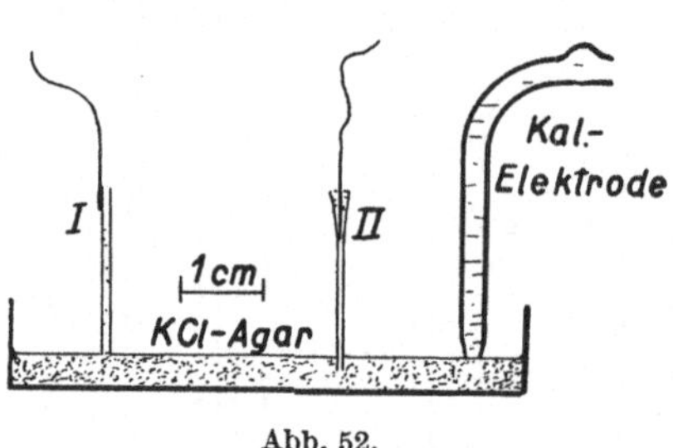

Abb. 52.

Die einfachste Lösung der Schaffung einer Mikroelektrode im engsten Sinne des Wortes bringt KORDATZKI (*9*) in seiner *Kapillarelektrode*, die aus einem 2 cm langen Haarröhrchen mit eingesetztem Platindraht als Metallelektrode besteht. In Abb. 52, II, ist sie im Gebrauch abgebildet. Sie wird durch kapillare Aufsaugung der Meßflüssigkeit gefüllt, mit dem schmalen Ende in KCl-Agar gesteckt, in den erweiterten Teil ein wenig Chinhydron gegeben und der reine Platindraht eingesenkt. Schon ist sie meßfertig.

Diese Elektrode hat ihre Vorgängerin in jener von MITTAWA (*94*), die in Abb. 52, I, gezeichnet ist und aus einem Goldröhrchen von 1 mm Durchmesser besteht, an das ein Ableitungsdraht gelötet ist. Außen und nur an beiden Enden innen ist die Oberfläche mit einer isolierenden Lackschicht überzogen. MITTAWA taucht das untere Ende in gesättigte KCl-Lösung und bildet so die Elektrolytbrücke zur Bezugselektrode. Sie ist aber ebensogut mit einer KCl-Agarplatte verwendbar.

Die Mikrochinhydronelektrode von BILMANN (*92*) besteht ebenfalls aus einem Glaskapillarrohr, in das der Ableitedraht als besonders gefaßte Elektrode durch eine Kautschukverbindung hineinragt. Sie erfordert etwa 2 bis 3 Tropfen Untersuchungsflüssigkeit.

Die Elektrode von ETTISCH (*93*) hat eine kleine Kammer mit eingeschmolzenem Platindraht, die abnehmbar eingeschliffen den Agarheber trägt.

Erwähnt sei auch die *Mikrochinhydronkapillare* von PIERCE (*98*) und die *vereinfachte* Chinhydronelektrode von SANDERS (*100*), welche für Flüssigkeiten aus einer 7,5 cm langen und 0,85 bis 1 mm weiten Glaskapillare mit einer kleinen kugelförmigen Erweiterung besteht, während für halbplastische Substanzen ein Glasrohr von 4 cm Länge und 3 bis 4 mm Innenlichte verwendet wird.

Genannt sei auch die Mikroelektrode von SCHAEFER und SCHMIDT (*101*) für wenige Tropfen Meßflüssigkeit, ohne auf die zahlreichen anderen besonderen Blutuntersuchungselektroden einzugehen.

Für die Verwendung von 0,2 bis 0,3 ccm Flüssigkeit ist die „*Spritzenelektrode*" von MISLOWITZER (*94*) praktisch, die einen Seitenarm mit eingebauter Platinelektrode besitzt, so daß die Flüssigkeit mit dem Spritzenstempel aufgesaugt und im Spritzengefäß gleich gemessen wird.

Nach dem gleichen Grundsatz ist auch die Chinhydronelektrode von VODRET (*99*) hergestellt, die STONE (*97*) in etwas geänderter Gestaltung beschreibt.

LANG (*96*) benutzt eine Aufsaugungselektrode unter gleichzeitiger Verwendung einer Gasmischeinrichtung für Kohlensäure zur p_H-Messung von Plasma und Serum.

Verwiesen sei auch auf die Chinhydron-*Einstechelektrode* von ROBERTSON und SMITH (*95*).

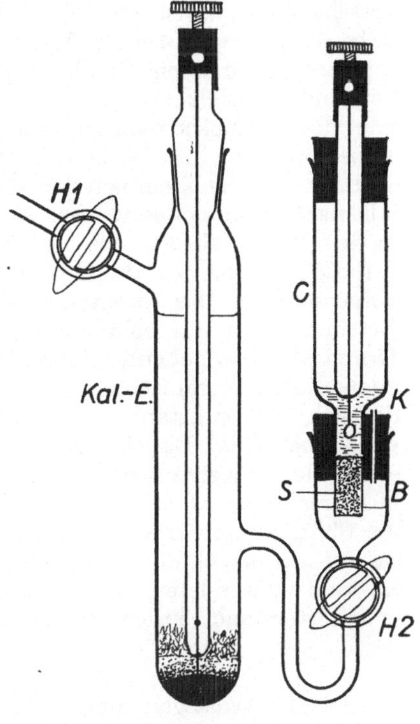

Abb. 53.

Mit wenigen Tropfen Meßflüssigkeit arbeitet die Mikro-Chinhydronkette von HELLIGE (*128*), die sich auch für Reihenuntersuchungen gut verwenden läßt. Es wird eine Platinringelektrode gleichzeitig mit der Kalomelbezugselektrode und einem Agar-Verbindungsheber durch einen Zahntrieb in den mit Chinhydron versetzten Meßtropfen eingesenkt.

Äußerst einfach ist die „*Stiftelektrode*" von KORDATZKI (*9*), bei der die kleine Flüssigkeitsmenge unmittelbar auf einen im Gummistopfen sitzenden und leicht auswechselbaren Stift aus poröser Masse gebracht wird, der infolge seiner Tränkung mit gesättigter KCl-Lösung als elektrolytische Verbindung zur Bezugselektrode dient. Wenn man für diese ein besonders gestaltetes Gefäß verwendet, wie es die Abb. 53 in Verbindung mit der Stiftelektrode zeigt, erhält man eine sehr handsame und einfache Apparatur für die Meßkette. Übrigens ist diese Form der Kalomelbezugselektrode auch für andere Elektroden vielseitig zu gebrauchen. Die Stiftelektrode verlangt zu fehlerloser Messung eine Flüssigkeitsmenge von ungefähr 1 bis 1,5 ccm. Jedenfalls ist der poröse Stift nach einigen Messungen durch einen frischen zu ersetzen. Wenn im p_H-Wert sehr unterschiedliche Substrate gemessen werden, muß für jede Messung ein neuer Stift eingesetzt werden. Im Gebrauch wird der aus der gesättigten KCl-Lösung entnommene poröse Stift in den mit der Entlüftungskapillare K versehenen Gummistopfen bis zur Hälfte desselben eingeschoben und in dieselbe Bohrung von oben der Meßzylinder C bis zum Stift eingeschoben. Nun bringt man ein wenig Chinhydron hinein, pipettiert dazu die Meßflüssigkeit und schüttelt zwecks Lösung des Chinhydrons leicht um. Jetzt fügt man die Platinelektrode ein und setzt mit dem Gummistopfen die ganze Anordnung auf den Becheransatz B des Kalomelhalbelements. Hierauf schließt man die Klemmen der Meßkette polrichtig an das Potentiometer, läßt nach Öffnung des Hahnes H_1 durch den Hahn H_2 so viel KCl-Lösung in den Becher fließen, bis der Stift einige Millimeter eintaucht, worauf Hahn H_2 und dann Hahn H_1 geschlossen werden. Jetzt wird die Messung vorgenommen. Das Potential stellt sich fast augenblicklich ein, so daß die Bestimmungen nur sehr wenig Zeit erfordern. Die nach den gleichen Grundsätzen aufgebaute Chinhydronelektrode der Firma BERGMANN und ALTMANN in Berlin ist im Gebrauch bei guter Genauigkeit sehr handlich, da sich die vollständige Meßanordnung mit Thermometer in *einem* Gefäß befindet. Dabei wird eine sehr kleine ges. KCl-Kalomelbezugselektrode und eine sehr großoberflächige Ableitelektrode benützt. Die Messung erfordert nur 1 bis 2 ccm Flüssigkeit. Nicht unerwähnt bleibe die Chinhydronmikroelektrode nach KAUKO und KNAPPSBERG (*115*), die sie zur Untersuchung von Pflanzensäften in frischem und sterilisiertem Zustand verwendeten. Die Elektrode besteht aus einem Glasrohr mit oval erweitertem und seitlich offenem Ende, in das die Metallelektrode mündet.

4. Mikroglaselektroden.

Bei der sozusagen universellen Eignung der Glaselektroden für alle Meßflüssigkeiten lag der Wunsch nahe, auch sie für Meßketten anwenden zu können, die nur kleinste und mindestens kleine Mengen beanspruchen. Die Verkleinerung der wirksamen Oberfläche brachte insofern Schwierigkeiten, als dadurch der ohnehin schon große elektrische Widerstand der ursprünglichen Kugelelektrode noch außerordentlich erhöht wird und dadurch die Messungen nur mehr mit empfindlichsten Röhrenvoltmetern und Elektrometern ausgeführt werden konnten. Erst die Auffindung von Glassorten mit geringerem Widerstand vermochten darin Wandel schaffen. 1925 brachte KERRIDGE (*39*) eine Elektrodenform, die kleinere Flüssigkeitsmengen zuließ. Eine eigentliche Mikroelektrode erfanden dann MACINNES und DOLE (*40*), indem sie ein mit einer dünnen Glasmembran verschlossenes Glasrohr in eine kleine Meßkammer als Glaselektrode einführten und mit dem auf einer als Elektrolytbrücke wirkenden Kapillaröffnung liegenden Meßtropfen in Berührung brachten.

Abb. 54 gibt im schematischen Schnitt den Aufbau wieder. *C* ist die Kalomelbezugselektrode, verbunden mit dem KCl-Speichergefäß *R*, das mit einem Glashahn versehen ist, und der Kapillare mit abgeschliffenem ebenem Ende, auf dem das ausgeweitete Schutzrohr mit einem Schliff aufgesetzt ist. In dasselbe läßt sich das Röhrchen *A* mit der Glasmembran (Durchmesser ca. 4 mm und kleiner) einschieben. Gefüllt ist es mit n/0,1 HCl, in welche als Metallelektrode Ag + AgCl eingesetzt ist und den negativen Pol der Kette bildet. Das Ablaufrohr des KCl-Speichers

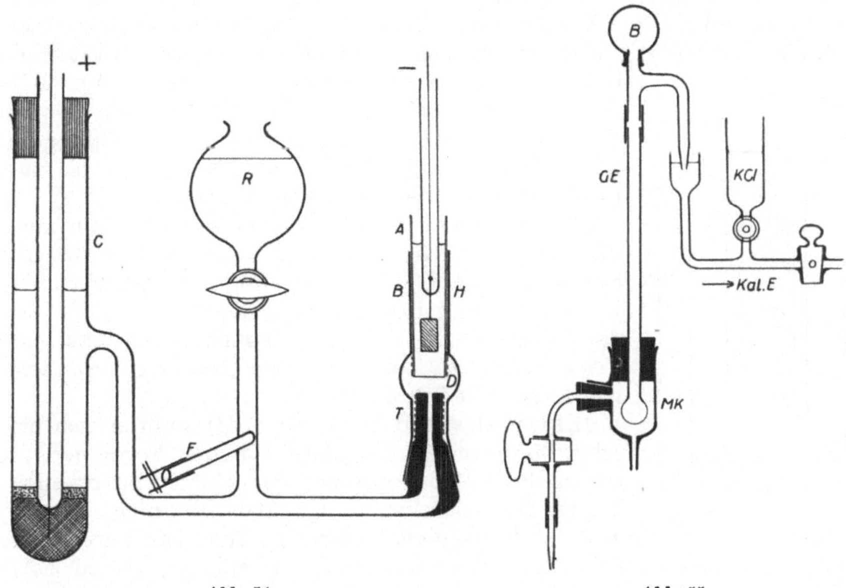

Abb. 54. Abb. 55.

hat noch einen Rohransatz *F* mit einem Kautschukschlauch, den ein Quetschhahn verschließt. Zum Gebrauch läßt man bei geschlossenem Quetschhahn so viel KCl-Lösung aus *R* durch vorsichtiges Öffnen des Hahnes ausfließen, daß über dem Kapillarende bei *D* ein Tropfen steht, der mit Filtrierpapier weggewischt wird. Nun wird ein Tropfen Meßlösung auf das Kapillarende gebracht, durch vorsichtiges Öffnen des Quetschhahnes bei *F* der Tropfen in die Kapillare fast eingesaugt, und die Oberfläche mit Filtrierpapier abgetupft. Nun kommt ein neuer Meßtropfen auf die Kapillare. Das Schutzrohr *H* wird aufgesetzt und das Rohr der Glaselektrode so weit eingeschoben, bis die Membran den Tropfen berührt. Damit kein Abfließen und Kriechen der Flüssigkeit erfolgt, wird das Rohrende an der Membran und die äußere Kapillarwand mit Vaseline eingefettet (in der Abbildung gestrichelt angedeutet).

Duspiva (*102*) kehrt die vorgenannte Anordnung insofern um, als er in einer kleinen Präparierkammer den Meßtropfen bzw. die Probe auf die Glasmembran bringt und diese nunmehr bis zur Berührung mit dem eben abgesetzten Ende der KCl-Kapillare durch einen Feintrieb hebt, was insofern in diesem Falle günstig ist, da diese Einrichtung eine Präparation von Kleinorganen und die Messung der ausgetretenen Säfte ermöglicht. Eine Wasserspülung der Meßkammer ist vorgesehen.

Man war auch bestrebt, die Kugelelektrode weitgehend zu verkleinern, was zur Gestaltung der *Mikroglaselektrode* von HAUGAARD und LUNDSTEEN (*103*) führte, die in die Meßkette eingefügt in der Abb. 55 wiedergegeben ist. Die Meßkammer *Mk* trägt einen unteren Spritzenansatz zur Aufnahme einer Einstichkanüle und einen mit einem Hahn versehenen Seitenauslaß. Die Glaselektrode *GE* wird in die Kammer mit einem Stopfen eingesetzt und trägt oben einen Knieheber mit dem Kautschukballon *B*, dessen abgebogener Schenkel in eine KCl-Garnitur getaucht wird, um die Verbindung mit der Kalomelbezugselektrode herzustellen. Die Füllung mit Blut oder anderen Meßflüssigkeiten erfolgt bis zum Überlauf durch den seitlichen Abfluß.

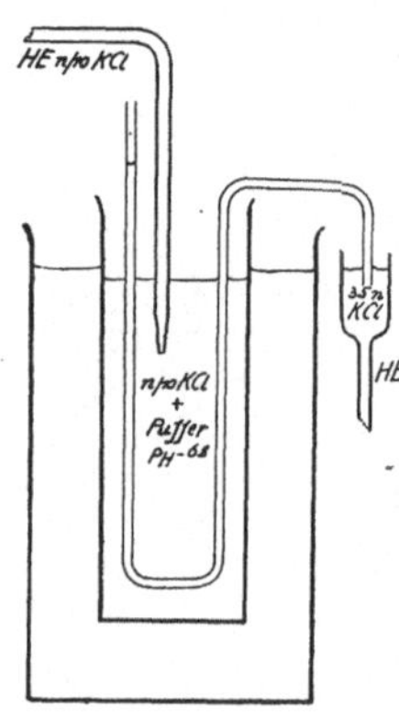

Abb. 56.

Mit mehr oder minder kleinen Flüssigkeitsmengen sind auch die Glaselektroden nach FOSBINDER und SCHOONOVER (*104*), YOUDEN und DOBROSCKY (*105*), PARTRIDGE und BOWLES (*106*), RUMPF (*107*), TAYLOR und BIRNIE (*108*) und VOEGTLIN, KAHLER und FITSCH (*109*) zu betreiben. Sie einzeln zu erläutern, würde zu weit führen.

PETTIGREW und WISHART (*111*) stellten sich eine sehr dünnwandige Kapillare von der Form her, wie sie in ihrer Meßanordnung der Abb. 56 zu erkennen ist. Da das Ausziehen der Kapillare hier nicht zum Ziel führt, zumal die außer der Flüssigkeit bleibenden Teile zur Vermeidung zu großer Gebrechlichkeit stärkerwandig bleiben müssen, ätzten sie in gefülltem und widerstandsmeßbereitem Zustand den zur wirksamen Membran bestimmten Teil durch Einhängen in Fluorwasserstoffsäure soweit als möglich außen ab. Die Herstellung ist sehr umständlich und gibt manche Fehlarbeit. Daher wird auf eine eingehendere Beschreibung der Herstellung und des Aufbaues der Meßkette verzichtet, da die Abbildung ohnehin letztere deutlich erkennen läßt. Die ganze Bezugslösung im inneren Becherglas befindet sich zur Temperaturkonstanthaltung in einem Wasserbad.

Da sich Kugelelektroden mit guten Meßergebnissen unter 10 mm Durchmesser kaum verwenden lassen, machten solche für kleine Flüssigkeitsmengen KAUKO und KNAPPSBERG (*110*) dadurch verwendbar, daß sie die kleine Glaskugel entweder nur mit der Meßflüssigkeit benetzten, wozu bei 1 cm Kugelgröße 0,05 g Flüssigkeit genügen, oder die Kugel mit Gazestoff umgaben und diesen tränkten, wozu 0,4 g Lösung nötig waren. Die leitende Verbindung in der Kette stellten sie durch benetzte Filtrierpapierstreifen oder Fäden her. Mit verschiedenen Meßkettenkombinationen erhielten sie recht brauchbare Ergebnisse, da sie durch Paraffinierung des Elektrodenhalses Kriechströme vermieden. Das

Asymmetriepotential der Elektrode war bei verschiedenen Versuchsanordnungen zwar sehr unterschiedlich, änderte sich in ein und demselben Versuch jedoch nicht. Sie arbeiteten im Ölthermostaten bei konstanter Temperatur und benutzten zur Potentialmessung das Potentiometer von NORTHRUP, Type K, und das Elektrometer von LINDEMANN (*127*) und konnten eine Genauigkeit von $\pm 0{,}1$ mV erreichen.

Für diese Mikro-p_H-Messung sind die *Jenaer* Glaselektroden in den Ausführungsformen als *Stab-* und *Nadelelektrode* aus niederohmigem Spezialglas in den Vordergrund zu stellen. Durch eine entsprechende Anpassung der Meßgefäße zur Aufnahme der Lösungen gelingt es leicht, mit Meßflüssigkeitsmengen von 650 bis 800 cmm auszukommen, ohne zu Röhrenvoltmetern greifen zu müssen. Moderne Spiegelgalvanometer (siehe S. 56) reichen völlig aus.

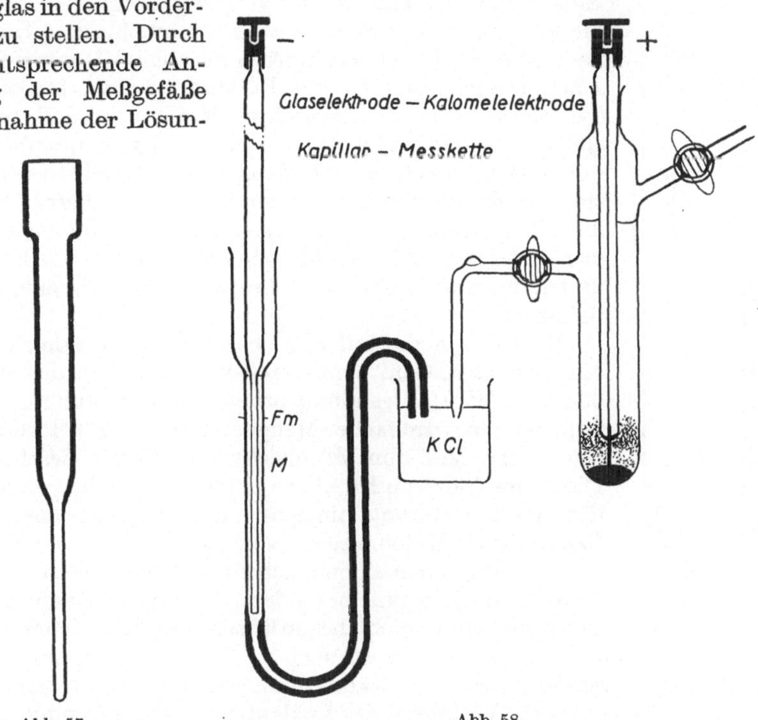

Abb. 57. Abb. 58.

Die *Nadelelektrode* Nr. 9020 mit oder ohne Metallbelag der Jenaer Glaswerke Schott u. Gen., abgebildet in Abb. 57, hat einen Widerstand von 3 bis 5 MΩ. Wie KAUKO und KNAPPSBERG (*110*) nachweisen konnten, spielt die Dicke der Meßflüssigkeitsschicht an der wirksamen Elektrodenfläche keine Rolle. Deshalb kann man den Flüssigkeitsverbrauch durch Verkleinerung der Lösungsschicht an der Elektrode wesentlich einengen. Der Verfasser hat sich mehrere Formen solcher Meßgefäße herstellen lassen, die sich sehr günstig in die Meßkette einfügen lassen.

Abb. 58 veranschaulicht die Meßkette im Schnitt unter Verwendung dieser Glaselektrode, wobei die Stromleitung durch eine Kapillare führt, die unmittelbar an den Meßraum angesetzt und wie dieser mit der Untersuchungslösung gefüllt ist. Ihr nach unten stehendes Ende taucht in das kleine KCl-Gefäßchen ein, wo die Flüssigkeitsverbindung mit der Kalomelbezugselektrode erfolgt. Um ja Flüssigkeit zu sparen, hat der Meßraum *M* eine Füllmarke *Fm*, bis zu welcher vor Einsetzen der Nadelelektrode die Meßflüssigkeit aufgesaugt wird. Sie ist so bestimmt, daß nach dem Einsetzen der Elektrode durch ihre Flüssigkeitsverdrängung die Füllung so weit reicht, daß sie gerade bis zum Halsansatz benetzt wird. Bei einem inneren kapillaren Durchmesser von 1 mm braucht man für die Füllung 0,7 ccm. Dabei beträgt die innere Lichte des Meßrohres *M* 4 mm, so daß die Nadelelektrode ein Flüssigkeitsmantel von 1 mm umgibt. Es ist nur darauf zu achten, daß Meßgefäß und Elektrode in einem stabilen Stativ eingespannt sind, die ein sicheres Einführen derselben gestatten. Verwendet man die Kalomelelektrode des Verfassers (siehe S. 116), erspart man sich das KCl-Gefäß und kann um so einfacher die ganze Kette in einem Stativ befestigen.

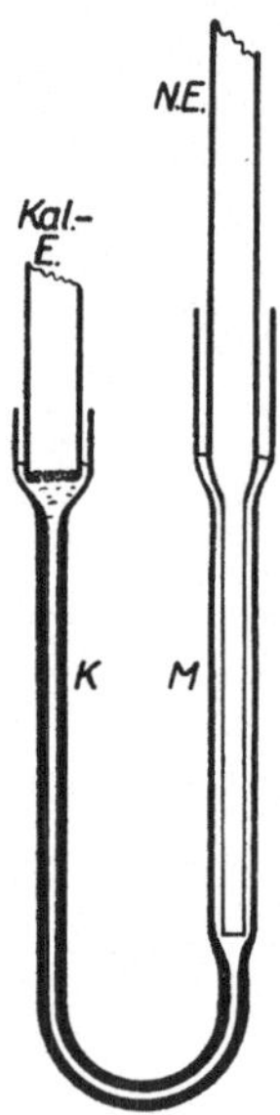

Abb. 59.

Wenn man die auf S. 27 beschriebene Kalomelelektrode von Schott u. Gen. benutzen will, kann man das Meßgefäß der Abb. 59 in Anwendung bringen, dessen Füllung etwa die doppelte bis dreifache Menge an Lösung erfordert. Der eigentliche Meßraum *M* gleicht den früher beschriebenen. Die angeschlossene Kapillare *K* trägt aber oben eine becherförmige Erweiterung, angepaßt dem die Fritte enthaltenden Rohre dieser Kalomelelektrode.

Glaselektroden eignen sich zu p_H-Messungen im lebenden Gewebe insofern ganz besonders, da sie das Gewebe bei richtiger Anwendung nicht beeinflussen und umgekehrt von oxydierenden und reduzierenden Substanzen im Gewebssaft in ihrer Wirkung nicht gestört werden. Aus dieser Erkenntnis heraus haben Voegtlin, de Eds und Kahler (*112*) ein Verfahren der fortlaufenden Bestimmungen des p_H-Wertes im strömenden Blut mit Hilfe der Glaselektrode ausgearbeitet. Voegtlin, de Eds, Kahler und Rosenthal (*113*) benutzten ihre birnförmige Glaselektrode auch zur Messung der p_H-Schwankungen in einem Rumpfmuskel des Hundes, die veränderte physiologische Zustände hervorrufen. Die Glaselektrode wird nach Voegtlin, Kahler und Fitch (*114*) aus einem ca. 35 cm langen Glasrohr von 7 mm Weite und 1 mm Wandstärke durch Einlaufenlassen desselben an einem Ende zu einer dünnwandigen Kapillare in der Länge von etwa 15 mm gestaltet. Nach Abtrennung des kurzen Rohrteiles wird das Ende der Kapillare zu einer 3 mm weiten Kugel aufgeblasen und diese zu einer feinen und sehr dünnwandigen Kapillare von ca. 10 mm Länge ausgezogen, deren Ende in kleiner Flamme zugeschmolzen eine feine Spitze bildet. Als Glasmaterial geben die Autoren Natriumkalkglas Nr. 015 der Corning Glaswerke an, das aus 72% SiO_2,

6% CaO und 22% NaO_2 zusammengesetzt ist. Der noch verbleibende Kugelrest wird bis zum Abgang der feinen Kapillare, die die wirksame Membran vorstellt, mit einer sicher an der Glasoberfläche haftenden Isoliermasse (Krönings „Spezial-Mikroglaszement") in 2 mm dicker Schicht umgeben, um die Bildung jeder Feuchtigkeitshaut am Übergang der Membran in die starke Kapillarwand zu verhindern. Der Rest des Rohres bildet den Elektrodenstiel. In ihn füllt man einige Kubikzentimeter von einem den zu messenden p_H-Werten angepaßten Phosphatpuffer und evakuiert bei lotrechter Stellung des Elektrodenrohres mit nach unten gerichteter Kapillare, wodurch sie mit der Ableiteflüssigkeit gefüllt wird. Bei solchen kleinen Oberflächen und enormen Widerständen mußte mit empfindlichsten Röhrenvoltmetern gemessen werden, da der Gleichstromwiderstand einer solchen Membran doch zwischen 100 und 200 MΩ liegt. Daß auch die *Temperaturdifferenz* zwischen der ins lebenswarme Gewebe eingebetteten Elektrode und der zimmertemperierten Vergleichselektrode berücksichtigt werden mußte, ist selbstverständlich. Hinsichtlich der Anbringung der Elektrode im Gewebe und der notwendigen Sondermeßtechnik sei auf die Abhandlung selbst verwiesen.

Die Berechnung der Meßergebnisse kann entweder mit Hilfe einer *Eichkurve* geschehen oder entsprechend der Beziehung von NERNST:

$$p_H = p_{H_b} + \frac{E - E_x}{K_f},$$

worin E das Elektrodenpotential in einer Standardpufferlösung von bekanntem p_{H_b} und E_x das gemessene Kettenpotential bedeutet. Die Werte für K_f sind der Tabelle zu entnehmen, obwohl sie eigentlich nur für die Wasserstoffelektrode gelten, jedoch im p_H-Bereich 2 bis 10 auch für die Glaselektrode genügend genau sind.

Ist eine noch größere Genauigkeit notwendig, macht man neben der Messung der Untersuchungslösung noch je eine Bestimmung des Kettenpotentials mit einer Standardpufferlösung von bekanntem, nur wenig unter und über dem zu bestimmenden p_H liegendem p_H-Wert und interpoliert dann graphisch oder rechnerisch den genauen unbekannten p_H-Wert.

Bei diesen drei Arten der Messung arbeitet man *unabhängig vom Asymmetriepotential* der verwendeten Elektrode, einerlei, ob sie mit Bezugslösung gefüllt ist oder zur Ableitung einen Metallbelag besitzt.

Die *obigen Voraussetzungen* gelten aber *nur* für den p_H-Meßbereich von 2 bis 10. Bei Messungen über diesem Bereich muß eine Eichung der Elektrode mit Pufferlösungen von bekanntem p_H vorgenommen werden. Da in diesem alkalischen Meßgebiet mit steigendem p_H-Wert, also Abnahme der H-Ionenkonzentration bzw. Zunahme der OH-Ionenmenge das Potential pro p_H-Einheit immer kleiner wird.

5. Mikrometallelektroden.

Zur Herstellung von Metallelektroden dient meistens *Antimon* in Form von *Stäben* oder für Einstichelektroden ein elektrolytisch erzeugter *Antimonbelag* auf verschiedenen Metallunterlagen.

Man wird bei der *Antimonelektrode* meist mit der Verwendung von mindestens 10 bis 15 ccm Meßflüssigkeit zu rechnen haben, wenn man nicht gerade Nadelelektroden benutzen will.

In Abb. 60 ist die Antimonmeßkette mit allem Zugehör wiedergegeben, wie sie von der Firma *Lautenschläger* in München geliefert wird. Auch andere Firmen bringen ähnliche Zusammenstellungen. Für die erstgenannte wird ein Meßbecher geliefert, der nur 15 ccm Untersuchungsflüssigkeit erfordert. Für die genaue Messung ist die ständige Durchlüftung der Meßflüssigkeit unter Ausschaltung der CO_2 notwendig, weshalb mit Hilfe eines Handgebläses über Natronkalk geleitete Luft durch die Flüssigkeit geblasen und damit diese gleichzeitig in Bewegung erhalten wird. Die Elektrode selbst wird von einem 8 mm dicken und 16 mm langen Antimonstäbchen gebildet, das in ein Glasrohr eingekittet ist. Als Bezugselektrode dient ein gesättigtes Kalomelhalbelement vereinfachter Form mit einem durch einen Gummischlauch angesetzten porösen Tonstäbchen versehenen Auslauf als Elektrolytbrücke. Vor *jeder* einzelnen Messung muß das Antimonstäbchen leicht abgeschmirgelt werden, um sicher stets eine blanke Oberfläche zu haben.

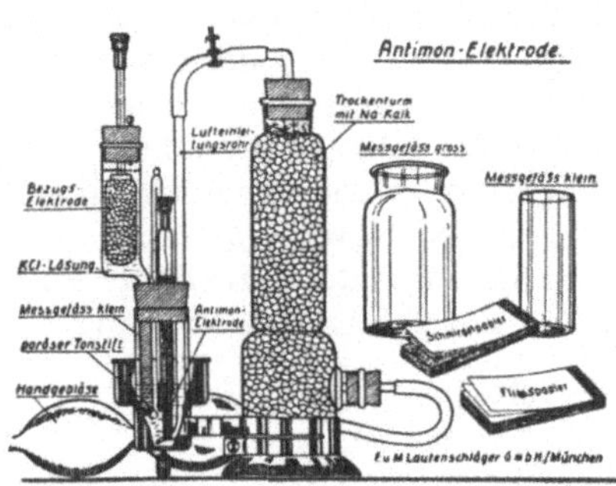

Abb. 60.

Verläßliche *Nichtgaselektroden* aus Metall-Metalloxyden in der Ausbildung als Mikroelektrode sind im allgemeinen nicht in Verwendung, da sie in bezug auf Genauigkeit und Reproduzierbarkeit den Gaselektroden bedeutend nachstehen. Selbst die technisch vielfach verwendete Antimonelektrode kann den Anforderungen, die man an eine Mikroelektrode stellen muß, nicht entsprechen. Vielleicht wird es auf dem Wege der elektrolytisch auf Unterlagsmetallen hergestellten Antimonelektroden möglich sein, die teilweise sehr wertvollen Eigenschaften derselben in der Mikromessung ausnutzen zu können.

Als *Nadelelektrode* zum Einbetten oder Einstechen in Geweben und Einführen in die Blutbahn findet diese Elektrodenart allerdings heute schon vielfache Anwendung, wie aus dem Schrifttum zu entnehmen ist. Hier kommt es eben darauf an, daß ohne Hinzufügung eines Redoxsystems (Chinhydron) oder molekularen Wasserstoffes die Lösungstension des Wasserstoffes an der Elektrode festliegt. Obwohl das Eintreten einer definierten Lösungstension des Wasserstoffes an der Antimonelektrode keineswegs geklärt ist, reagiert sie doch erfahrungsgemäß auf die „Aktivität" der Untersuchungslösung. Solche Antimonüberzugnadeln auf Nickeldraht wurden hergestellt und erwiesen sich für die obengenannten Zwecke als gut brauchbar. Mit derart erzeugten Nadelelektroden führten FISCHBECK und EIMER (*116*) sehr aufschlußreiche Untersuchungen über das Verhalten der Antimonelektrode bei der p_H-Messung durch und berichten auch über ein Verfahren zur Herstellung des wirksamen Antimonbelages auf beliebigen Trägermetallen. Dies möge deshalb hier kurz wiedergegeben werden, weil es auf diesem Wege vielleicht möglich sein wird, auch die Antimonelektrode für viele andere Fälle doch für Mikro-p_H-Messungen mit genügender Genauigkeit anwendbar zu machen. Als *Antimonlösung* benutzen die Verfasser:

Antimonchlorürlösung (Merck) ...	50 g
2 n-HCl	100 „
Weinsäure	2 „

Das Bad ist öfter zu erneuern und im Gebrauch mit 2 n HCl aufzufüllen. Mit einer Stromdichte von 1,2 A pro Quadratdezimeter wird der Niederschlag in der Hitze bei 90° elektrolytisch hergestellt. Der entfettete und mit feinem Glaspapier blank gemachte Draht aus Nickel, Edelmetallen oder Edelmetallersatzlegierungen wird als Kathode zwischen zwei als Anoden geschaltete Antimonstäbchen (Kahlbaum) in obiges Bad eingehängt. In 40 Minuten ist bei dünnen Drähten unter Anwendung von 7 mA pro Nadel der Überzug in genügender Stärke erreicht. Stahl und V 2 A-Stahl lassen sich schwer mit Antimon überziehen. Der Belag hat eine silberweiße Farbe und glatte Oberfläche. Die aus dem Bade genommene Nadel wird in 2 n HCl getaucht, unter der Wasserleitung gespült und 5 Minuten lang in destilliertem Wasser gekocht. Mit Ausnahme der Spitze wird nach raschem Trocknen die Nadel mit einem „Nitrolack" überzogen und ist nunmehr nach 24stündiger Lagerung gebrauchsfähig. Aufbewahrt unter Luftabschluß und vor Abscheuern geschützt, sind die Nadeln monatelang haltbar.

Außer den im allgemeinen Teil über Metallelektroden erwähnten Metall-Metalloxyd-Meßketten wurden auch andere versucht, allerdings ohne besonderen Erfolg. So haben Redlich und Stricks (*117*) oberflächlich mit Bleioxyd überzogenes Blei als Metallelektrode benutzt. Deribéré (*118*) verwendete als Elektrodenmetall *Tellur*, während Nichols und Cooper (*119*) Versuche mit *Germanium-Germaniumoxyd* anstellten, wobei sie aber keine brauchbaren Ergebnisse erzielten.

E. Anhang.

1.

Werte für ϑ bzw. K_f bei der p_H-Ermittlung aus der Potentialmessung in Millivolt.

$$\vartheta = 0{,}0001938 \cdot T \cdot 1000.$$

Temperatur in °C	ϑ	Temperatur in °C	ϑ	Temperatur in °C	ϑ
15	57,1	24	58,9	33	60,66
16	57,3	25	59,1	34	60,86
17	57,5	26	59,3	35	61,06
18	57,7	27	59,5	36	61,25
19	57,9	28	59,7	37	61,45
20	58,1	29	59,9	38	61,64
21	58,3	30	60,07	39	61,85
22	58,5	31	60,27	40	62,05
23	58,7	32	60,47		

2.

Korrektur für den H_2-Partialdruck bei Durchströmung von CO_2-haltigen Flüssigkeiten mit Wasserstoff: Differenz Δ in Millivolt.

H_2-Partialdruck at.	Δ/mV	H_2-Partialdruck at.	Δ/mV
1,00	0	0,70	4,5
0,95	0,6	0,60	6,4
0,90	1,3	0,50	8,7
0,80	2,9		

3.

Absolute Potentiale der Kalomelelektrode (25°) bei verschiedenem KCl-Gehalt in Millivolt:

KCl-Gehalt n/	mV	KCl-Gehalt n/	mV
0,1	617,7	3,0	537,7
0,5	580,8	3,5	532,3
1,0	564,8	4,1 = ges.	526,6
2,0	548,8		

4.

Korrekturtabelle nach Clark *(61)*.[1]

Die Nernstsche Beziehung gilt nur, wenn der durchgeleitete H_2 unter dem Druck von 1 at steht. Bei sehr genauen Messungen unter stark

[1] Nach der Zusammenstellung von Mislowitzer *(1)*.

schwankendem Barometerstand ist eine Korrektur notwendig. Einen kleineren Einfluß übt der Dampfdruck der Meßflüssigkeit aus.

$$E_{\text{bar}} = \frac{0{,}00019873 \cdot T}{2} \log \frac{760}{x}.$$

Temp. in °C	Korrigiertes Barometer mm	Dampfdruck mm	x	$\log \frac{760}{x}$	E_{bar} mV
	780		764,5	— 0,00256	— 0,07
18	760	15,5	744,5	0,00895	0,26
	740		724,5	0,02078	0,60
	780		762,5	— 0,00143	— 0,04
20	760	17,5	742,5	0,01012	0,29
	740		722,5	0,02198	0,64
	780		756,2	0,00218	0,06
25	760	23,8	736,2	0,01382	0,41
	740		716,2	0,02578	0,76
	780		748,2	0,06680	0,20
30	760	31,8	728,2	0,01856	0,56
	740		708,2	0,03066	0,92
	780		737,8	0,01288	0,39
35	760	42,2	717,8	0,02481	0,76
	740		697,8	0,03708	1,13
	780		724,8	0,02060	0,64
40	760	53,3	704,8	0,03275	1,92
	740		684,7	0,04525	1,41

$$p_{\text{H}} = \frac{\text{EMK} + E_{\text{bar}}}{0{,}00019837\ T}.$$

5.

Temperaturkoeffizienten für 1° C in Millivolt der n/1,0-H_2-Elektrode gegen:

n/0,1	Kalomelelektrode	0,06
n/1,0	„	0,24
n/3,5	„	0,39
n/4,1 = ges.	„	0,78

6.

Sollpotential des *Kadmiumnormalelements in Volt* bei verschiedenen Temperaturen:

0—10°	15°	20°	25°	30°
1,0189	1,0188	1,0186	1,0184	1,0181

7.

Die folgende Zusammenstellung gibt Anhaltspunkte der Beziehungen des p_H-Wertes und der Spannung in der Meßkette *Antimon*—Meßflüssigkeit—n/1,0-Kalomelelektrode nach KOLTHOFF (*48*) bei 14°:

p_H =	mV	p_H =	mV
1,05	89	7,00	374
3,0	190	8,24	457
4,0	236	9,36	512
5,0	282	11,30	616
6,0	327	12,25	660

8.

Höchstkonzentrationen von *Elektrodengiften* nach KOPACZEWSKI (*66*).

Giftstoff	mg im Liter	Giftstoff	mg im Liter
HCN	0,00005	$Na_2S_2O_3$	0,2
J_2	0,0001	PH_3	0,24
H_2Cl_2	0,001	HCl	0,3
Br_2	0,04	$C_2H_2O_4$	1,0
$(NH_4)OH$	0,04	Na_2SO_3	2,0
P	0,04	$Hg(CN)_2$	8,0

9.

Standard-Azetatlösung.

n/1,0 NaOH .... 50 ccm
n/1,0 $C_2H_4O_2$ ...... 100 „
H_2O.............. 350 „

$p_H = 4{,}62.$

10.

VEIBEL-*Lösung.*

n/0,01 HCl .... 1000 ccm
KCl .... 6,71 g

$p_H = 2{,}04.$

11.

Schwarzplatinierung von Elektroden.

Platinierungslösung: 2% Platinchlorid in H_2O mit einer Spur von Bleiazetat versetzt.

Badspannung 4 Volt, Galvanisierungsdauer etwa 5′.

Die nunmehr mit schwarzem Platinmohr überzogene Elektrode wird in H_2O gut gewaschen und im zugehörigen Elektrolysierungsgefäß, das eine 3%ige Lösung *reinster* H_2SO_4 enthält, neuerlich zwecks Wasserstoffbeladung in gleicher Weise (—-Pol) geschaltet und ca. 5′ H_2 an ihr entwickelt. Nunmehr ist die wieder mit H_2O gut gespülte Wasserstoffelektrode gebrauchsfertig.

(Die Platinierungslösung ist als „Lummer-Kurlbaum-Lösung“ auch gebrauchsfertig im Handel erhältlich.)

Schrifttum.

1. MISLOWITZER, E.: Die Bestimmung der Wasserstoffionenkonzentration von Flüssigkeiten. Berlin: Julius Springer, 1928.
2. GIRIBALDO, D.: Biochem. Z. **163** (1925).
3. DERRIER, E. u. G. FONTIS: C. R. Séances Soc. Biol. Filiales Associées **92** (1925).
4. TIEL u. STROHECKER: Ber. dtsch. chem. Ges. **47** (1914).
5. MEYERHOF u. SURANYI: Biochem. Z. **178** (1926).
6. MICHAELIS, L.: Die Wasserstoffionenkonzentration. Berlin: Julius Springer, 1922.
7. VAN SLYKE: J. biol. Chemistry **52** (1922).
8. MICHAELIS, L.: Praktikum der physikalischen Chemie. Berlin: Julius Springer, 1926.
9. KORDATZKI, W.: Taschenbuch der p_H-Messung. München: Müller, 1934.
10. FALES u. MUDGE: J. Amer. chem. Soc. **42** (1920).
11. BJERRUM: Z. Elektrochem. angew. physik. Chem. **17** (1911).
12. HABER u. RUSS: Z. physik. Chem., **47** (1904).
13. BIILMANN, E.: Ann. Chimie **15**, **16** (1921).
14. VEIBEL: J. chem. Soc. (London) **123** (1923).
15. JÄGER, W.: Elektrische Meßtechnik. Leipzig: J. A. Barth, 1917.
16. DESSAU, B.: Lehrbuch der Physik, Bd. II. Leipzig: J. A. Barth, 1924.
17. WERNER, O.: Empfindliche Galvanometer. Berlin: W. de Gruyter, 1928.
18. KEINATH, G.: Die Technik elektrischer Meßgeräte. München: R. Oldenburg, 1928.
19. LIPPMANN: Pogg. Ann. **149** (1873).
20. OSTWALD-LUTHER: Hand- und Hilfsbuch zur Ausführung physikochemischer Messungen. Leipzig: Akad. Verlagsanstalt, 1925.
21. REIN-WIRTZ, K.: Radiotelegraphisches Praktikum. Berlin: Julius Springer, 1922.
22. SCHEMINSKY, F.: Elektronen- und Ionenröhren. ABDERHALDENS Handbuch der biochemischen Arbeitsmethoden, Abt. III, Teil 1, 1. Hälfte. Berlin: Urban & Schwarzenberg, 1928.
23. MÖLLER, G.: Die Elektronenröhre. Braunschweig: 1929.
24. KAMMERLOHER, J.: Hochfrequenztechnik, Bd. II. 1939.
25. STRUTT, M. J. O.: Moderne Mehrgitter-Elektronenröhren. 1937 u. 1938.
26. GOODE, K. H.: J. Amer. chem. Soc. **44** (1921).
27. BIENFAIT, H.: Recueil Trav. chim. Pays-Bas **45** (1926).
28. TREADWELL, W.: Helv. chim. Acta **8** (1925).
29. WULFF, P. u. W. KORDATZKI: Chem. Fabrik **3** (1930).
30. BERL, E., W. HERBERT u. W. WAHLIG: Chem. Fabrik **3** (1930).
31. EHRHARDT, U.: Chem. Fabrik **2** (1929).
32. MYLIUS u. FUNK: Z. anorg. allg. Chem. **13** (1897).
33. KRÄMER u. SCHRADER: ABDERHALDENS Handbuch der biochemischen Arbeitsmethoden, Abt. I, Teil 1, H. 1.
34. CHATVART: J. ind. a. engng. Chem. **14** (1922).
35. CLARK, W. M. u. H. A. LUBS: J. biol. Chemistry **25** (1916).
36. CREMER, M.: Z. Biol. **47** (1906).
37. HABER u. KLEMENSIEWICZ: Ann. Physik **26** (1908).
38. HABER u. KLEMENSIEWICZ: Z. physik. Chem., **67** (1909).
39. KERRIDGE: Biochemic. J. **19** (1925).
40. INNES u. DOLE: Ind. Engng. Chem., analyt. Edit. **1** (1929).

41. Kratz, L.: Z. Elektrochem. angew. physik. Chem. **46** (1940).
42. Kahler u. de Eds: J. Amer. chem. Soc. **53** (1931).
43. Kratz, L.: Kolloid-Z. **86** (1939).
44. Hubbard, E., E. H. Hamilton u. A. N. Finn: Bur. Standards J. Res. **22** (1939).
45. Geffeken, W. u. E. Berger: Glastechn. Ber. **16** (1938).
46. Parker, H.: Ind. Engng. Chem., analyt. Edit. **17** (1925).
47. Uhl u. Kostranek: Mh. Chem. **44** (1913).
48. Kolthoff u. Hartong: Recueil Trav. chim. Pays-Bas **44** (1925).
49. Meulen u. Wilcoxon: Ind. Engng. Chem. **15** (1923).
50. Brünnich: Ind. Engng. Chem. **15** (1925).
51. Vlès, F. u. E. Vellinger: Arch. Physique biol. Chim.-Physique Corps organisés **6** (1927).
52. Shukoff u. Awsejewitsch: Z. Elektrochem. angew. physik. Chem. **27** (1931).
53. Ehrhardt, U.: Chem. Fabrik **2** (1929).
54. Franke, K. W. u. I. I. Willaman: Ind. Engng. Chem. **20** (1928).
55. Ehrhardt, U.: Chem. Fabrik **9** (1936).
56. Trénel, M.: Z. Elektrochem. angew. physik. Chem. **30** (1924).
57. Biilmann, E.: Bull. Soc. chim. France **41** (1927).
58. la Mer, V. K. u. E. K. Rideal: J. Amer. chem. Soc. **46** (1924).
59. Sörensen, S. P. L., M. Sörensen u. K. Linderström-Lang: Ann. Chimie **16** (1921).
60. Linderström-Lang, K.: C. R. Trav. Lab. Carlsberg, **15** (1925); **16** (1926).
61. Clark, W. M.: The Determination of Hydrogen Pons. Baltimore, **1928**.
62. Biilmann, E.: Festschr. d. Univ. Kopenhagen, 1920.
63. Hasselbach: Biochem. Z. **30** (1911).
64. Unmack, A.: Yearbook 1934, Roy. vet. agricult. College Copenhagen.
65. Shukow u. Woroschobin: Chem. Ztrbl. **1933 I.**
66. Kopaszewski: Les Ions D'Hydrogène. Paris, 1926.
67. Bailey, C. H.: J. Amer. chem. Soc. **42** (1920).
68. Schmitt, W.: Biochem. Z. **170** (1926).
69. Yllpö: Tabellen zur p_H-Messung. Berlin: Julius Springer.
70. Roberts, E. J. u. F. Fenwick: J. Amer. chem. Soc. **50** (1928).
71. Clendon, Mc. u. Magoon: J. biol. Chemistry **25** (1916).
72. Simms, H.: J. Amer. chem. Soc. **45** (1924).
73. Britton, H. T. S. u. R. A. Robinson: J. chem. Soc. (London) **1931**.
74. Parks, L. R. u. H. C. Beard: J. Amer. chem. Soc. **54** (1932).
75. Winterstein, H.: Pflügers Arch. ges. Physiol. Menschen Tiere **216** (1927).
76. Cullen: J. biol. Chemistry **52** (1922).
77. Wilson, J. A. u. E. J. Kern: Ind. Engng. Chem. **17** (1925).
78. Löbernig, J.: J. analyt. Chem. **103** (1935).
79. Hermanowicz, W.: Roczniki Chem. (Ann. Soc. chim. Polonorum) **15** (1935).
80. Cullen, G. E.: J. biol. Chemistry **83** (1929).
81. Goresline, H. E.: J. Bacteriol. **25** (1933).
82. Gickelhorn: Kolloidchem. Beih. **28** (1929).
83. Fuhrmann, F.: Molisch-Festschrift. Wien: Haim, 1936.
84. Lehmann, G.: Biochem. Z. **139** (1923).
85. Bodine u. Fink: J. gen. Physiol. **7** (1925).
86. Ettiene, Verain u. Bourgeaud: C. R. Séances Soc. Biol. Filiales Associées **93** (1925).

87. Radimowska: Biochem. Z. **154** (1924).
88. Lecomte du Noüy: Science (New York) **75** (1933).
89. Nylén, P.: Svensk kem. Tidskr. **48** (1936).
90. Kolthoff: Hoppe-Seyler's Z. physiol. Chem. **144**.
91. Mislowitzer, E.: Biochem. Z. **159** (1925).
92. Kopaszewski: Les Ions Hydrogène. Paris, 1926.
93. Ettisch: Z. wiss. Mikroskop. mikroskop. Techn. **42** (1925).
94. Mittawa, T.: Biochemic. J. **27** (1933).
95. Robertson, S. M. u. A. M. Smith: J. Soc. chem. Ind. **49** (1930).
96. Lang, E.: J. biol. Chemistry **88**.
97. Stone, B.: Chemist-Analyst **25** (1936).
98. Pierce, J. A.: J. biol. Chemistry **117** (1937).
99. Vodret, F. L.: Rend. Seminar. Fac. Sci. R. Univ. Cagliari **3** (1933).
100. Sanders, G. P.: Ind. Engng. Chem., analyt. Edit. **10** (1938).
101. Schaefer u. Schmidt: Biochem. Z. **156** (1925).
102. Duspiva, F.: Hoppe-Seyler's Z. physiol. Chem. **241** (1936).
103. Haugaard, G. u. E. Lundsteen: Biochem. Z. **285** (1936).
104. Fosbinder, R. I. u. I. W. Schoonever: Biochemic. J. **24** (1930); J. biol. Chemistry **88** (1930).
105. Youden, W. J. u. I. A. Dobroscky: Contr. Boyce Thompson Inst. **3** (1931).
106. Partridge, W. M. u. J. A. C. Bowles: Mikrochem. **11** (1932).
107. Rumpf, P.: C. R. hebd. Séances Acad. Sci. **197** (1933).
108. Taylor, I. R. u. J. H. Birnie: Science (New York) **78** (1933).
109. Voegtlin, C., H. Kahler u. R. H. Fitch: Nat. Inst. Health, Bull. **164** (1935).
110. Kauko, Y. u. L. Knappsberg: Z. Elektrochem. angew. physik. Chem. **44** (1938).
111. Pettigrew, J. B. u. G. M. Wishart: Biochemic. J. **32** (1938).
112. Voegtlin, C., F. de Eds u. H. Kahler: Publ. Health Rep. **14** (1931).
113. Voegtlin, C., F. de Eds, H. Kahler u. S. M. Rosenthal: Amer. J. Physiol. **90**.
114. Voegtlin, C., H. Kahler u. R. H. Fitch: Abderhaldens Handbuch der biochemischen Arbeitsmethoden, Abt. IV, Teil 10, 1. Hälfte. 1938.
115. Kauko, Y. u. L. Knappsberg: Angew. Chem. **53** (1940).
116. Fischbeck, K. u. Fr. Eimer: Z. Elektrochem. angew. physik. Chem. **44** (1938).
117. Redlich, O. u. W. Stricks: Österr. Chemiker-Ztg. **40** (1937).
118. Deribéré, M.: Papeterie **59** (1937).
119. Stadie, W. C. u. E. R. Haners: J. biol. Chemistry **78**, 29 (1928).
120. Dallemagne, M. J.: Biochem. Z. **291** (1937).
121. Yoshimura: J. Biochemistry **21** (1935).
122. Kahler u. de Eds: J. Amer. chem. Soc. **53** (1931).
123. Aten A. H. W., Luise Boerlage u. J. E. Garsson: Chem. Weekbl. **37** (1940).
124. Krönert Josef, Meßbrücken und Kompensatoren, München: Oldenburg, 1935.
125. Hohl H. O.: Mikrochemie **13** (1933).
126. Taylor u. Whitaker: Protoplasma **3** (1928).
127. Lindemann F. A., A. F. Lindemann u. T. C. Keeley: Phil. Mag. **47** (1924).
128. Hellige: Potentiometer. Druckschr. 1095 D der Firma F. Hellige u. Co. in Freiburg im Breisgau.

Sachverzeichnis.